K. Viswanath Allamraju
Challa Sai Kiran Reddy

Sistema de monitorização do tráfego baseado na Internet das coisas

K. Viswanath Allamraju
Challa Sai Kiran Reddy

Sistema de monitorização do tráfego baseado na Internet das coisas

ScienciaScripts

Imprint
Any brand names and product names mentioned in this book are subject to trademark, brand or patent protection and are trademarks or registered trademarks of their respective holders. The use of brand names, product names, common names, trade names, product descriptions etc. even without a particular marking in this work is in no way to be construed to mean that such names may be regarded as unrestricted in respect of trademark and brand protection legislation and could thus be used by anyone.

Cover image: www.ingimage.com

This book is a translation from the original published under ISBN 978-620-7-64104-8.

Publisher:
Sciencia Scripts
is a trademark of
Dodo Books Indian Ocean Ltd. and OmniScriptum S.R.L publishing group

120 High Road, East Finchley, London, N2 9ED, United Kingdom
Str. Armeneasca 28/1, office 1, Chisinau MD-2012, Republic of Moldova, Europe
Printed at: see last page
ISBN: 978-620-7-61964-1

SISTEMA DE MONITORIZAÇÃO DO TRÁFEGO BASEADO NA INTERNET DAS COISAS

Por

Dr. K VISWANATH ALLAMRAJU

Sr. CHALLA SAI KIRAN REDDY

RESUMO

Esta iniciativa pretende desenvolver um sistema de semáforos adaptável e dinâmico, no qual a temporização do sinal luminoso será alterada à medida que a densidade do tráfego for detectada em qualquer cruzamento. O congestionamento do tráfego, que é conhecido pela cidade, é um dos problemas mais prevalecentes em muitas cidades do mundo e, devido ao aumento do número de veículos na estrada, chegou o momento de substituir o modo manual do semáforo ou o modo de temporizador fixo por um sistema inteligente que toma decisões. O atual sistema de sinalização no trânsito é baseado em tempo fixo, o que pode ser ineficaz se uma via estiver ocupada e as outras vias, por outro lado, permanecerem praticamente vazias. As acções propostas para esse sistema devem envolver o desenvolvimento de uma estrutura para um sistema inteligente de controlo do tráfego ou um brainstorming para uma solução óptima. Pode haver casos em que o número de veículos que se dirigem para o cruzamento de um lado é maior e, por conseguinte, é necessário um tempo de verde mais longo para esse lado, enquanto o sinal vermelho para o outro lado deve permanecer inalterado. Por conseguinte, uma solução consiste em atribuir o período de tempo das luzes verdes e vermelhas com base na densidade do tráfego nesse momento. Estes IR são utilizados para detetar a presença de objectos, obtendo assim o efeito desejado. Calcule a densidade e envie um impulso para um tempo de incandescência que dura "verde" com a ajuda do controlador Arduino (Arduino). Se estiverem presentes, os sensores serão colocados nas bermas das estradas e serão responsáveis pelo envio de informações para o controlador Arduino (Arduino), onde serão tomadas decisões sobre a abertura de uma faixa de rodagem e, em seguida, decidir quando mudar os sinais. Nas secções seguintes, o procedimento deste quadro é examinado em pormenor.

Palavras-chave: Internet das Coisas (IoT), Monitorização de tráfego, Análise de tráfego de rede, Dados de sensores, Monitorização em tempo real.

Índice

LISTA DE ABREVIATURAS

Short Form	Abbreviation
AI	Artificial Intelligence
LED	Light-emitting diode
SRS	Software Requirements Specification
GPL	General Public License
TMS	Traffic Management System
DFD	Data Flow Diagram
IR	Infrared
ML	Machine Learning

CAPÍTULO 1 : INTRODUÇÃO

1.1 Introdução

O problema do congestionamento do tráfego é realmente grave. Está a piorar de dia para dia. O controlo manual dos sinais de trânsito é feito por pessoas. No entanto, a capacidade do sistema para seguir os veículos não é fiável. O stress, a ansiedade e o consumo excessivo de combustível resultam desta situação. O sistema de tráfego seria ajustado automaticamente por um Arduino Uno ATMega 328. Utiliza sensores de infravermelhos para monitorizar a densidade. Estes utilizam emissões para detetar automóveis. O volume de tráfego é monitorizado através de sensores na berma da estrada. A temporização dos sinais é modificada para corresponder ao fluxo de tráfego. Este sistema inteligente seria benéfico para todos. O tráfego fluiria mais livremente, o que diminuiria o incómodo. O ambiente também beneficiaria com a diminuição do consumo de combustível. As pessoas desejam respostas para os problemas quotidianos, como o trânsito. A utilização de novas tecnologias como estas poderia simplificar a sua vida. Os sensores de infravermelhos fornecem os dados a um Arduino Uno. Existem dois LEDs em cada faixa para sinais de trânsito. Permite facilitar as transferências de tráfego através do controlo online das luzes. Este semáforo inteligente, que funciona com energia solar, modifica o seu tempo em resposta ao tráfego.

Um dos principais problemas da atualidade é o congestionamento do tráfego. É difícil deslocar-se porque as pessoas estão constantemente ocupadas. São vários os factores que contribuem para o congestionamento do tráfego, incluindo um excesso de camiões, estradas mal concebidas e sinais de trânsito ineficazes. Ao desperdiçar combustível, o funcionamento dos motores dos automóveis enquanto estão presos no trânsito contribui para a poluição. Para resolver estes problemas, são necessárias novas abordagens que utilizem sensores automáticos de semáforos [14].

O objetivo é evitar congestionamentos no sistema de tráfego e a retenção de numerosos carros nos semáforos, especialmente quando não há atividade dos utilizadores na Internet. Trata-se de uma medida adicional destinada a facilitar a condução das pessoas que utilizam a localização dos semáforos para aliviar o trânsito nesses cruzamentos. A quantidade de camiões é registada em cada via e os semáforos são programados em seguida. Quanto maior for o número de carros, maior será o tempo de paragem. O objetivo desta melhoria que será feita é apenas evitar outro sinal se este não for utilizado para o tráfego em linha. O processo prosseguirá para o candidato seguinte, se o sinal de ausência não estiver presente.

SINALIZAÇÃO DE TRANSPORTES TAL COMO EXISTE ACTUALMENTE:

Os agentes podem coordenar o movimento dos veículos automóveis através de marcas rodoviárias, sinais manuais e semáforos. Tão vital como a coordenação e a cooperação das autoridades relacionadas com o seu instrumento de controlo é o plano de educação para os condutores. Para garantir que os condutores compreendem as normas de cultura de tráfego e os comportamentos que são esperados ou encorajados a adotar enquanto um determinado instrumento estiver em vigor. Por exemplo, o polígono, os sinais vermelhos com a palavra "stop" são regulados por uma lei, devem ser sempre deste tipo e de cor vermelha. A fatura não só deve estar no campo de visão do condutor, como deve ser visível a todo o momento, desde que esteja a circular na via [13]. As características e os padrões reconhecíveis contribuem para facilitar a identificação e acelerar a tomada de decisões. Ora, se os semáforos seguirem o seu horário, a libertação de uma via quando a outra está vazia resultará numa perda não só de tempo mas também de muitos recursos. O tráfego no nosso método proposto pode ser quantificado através da deteção do fluxo de tráfego de cada faixa, bem como da adoção do ciclo dos semáforos simplesmente em função desses dados de fluxo de tráfego [15]. Os sensores de infravermelhos registam os obstáculos e fornecem uma indicação da densidade de veículos em várias faixas, enviando estes dados para uma unidade de controlo através da qual as decisões finais de ponta são finalmente tomadas com base na informação nos momentos apropriados.

1.2 Sistema atual

T sistema de tráfego das grandes áreas de hoje baseia frequentemente a sua regulamentação em abordagens tradicionais que utilizam o controlo em tempo fixo dos sistemas de sinalização de tráfego. Estes sistemas primitivos utilizam os mesmos tempos de sinalização, independentemente da evolução do tráfego, o que só piora e atrasa o trânsito. A intervenção humana e o controlo por semáforos nos cruzamentos também são bastante populares, o que é normalmente a razão dos congestionamentos, do desperdício de combustível e do aumento do nível de poluição ambiental. As autoridades rodoviárias recorrem a câmaras de vídeo e sensores para recolher dados sobre as condições de tráfego, mas, na maioria das vezes, estes dados não são utilizados para criar sistemas de transporte inteligentes, capazes de reagir a alterações no ambiente e de se adaptarem automaticamente. A incapacidade de oferecer correcções instantâneas com base na natureza mutável, como a densidade do tráfego ou as condições das estradas, bem como eventos únicos, contribui para um baixo nível de fluxos de tráfego. Além disso, os sistemas existentes podem não conseguir lidar com as complexidades patentes das tendências da mobilidade urbana, por exemplo, o boom dos serviços de mobilidade partilhada, t o crescente número de peões e a futura transformação do sistema de transportes. A procura de soluções de gestão do tráfego mais responsáveis, baseadas em dados e na Internet, e interligadas, foi reconhecida como vital para os desafios colocados pelos anos de rápida expansão das paisagens urbanas e dos transportes que lhes estão associados.

1.2.1 Deméritos do sistema atual

- Os semáforos utilizam horários. Não conseguem lidar com as situações reais. O resultado é a deterioração do fluxo e o congestionamento.
- A vigilância das intersecções por um operador humano é um desperdício de tempo. O facto de os atrasos aumentarem o consumo de combustível e a emissão de gases de escape é inegável. Isto suja o ar que respiramos.

1.3 Sistema proposto

A melhor solução para o problema do congestionamento do tráfego urbano é a substituição dos sinais de trânsito estáticos, que causam engarrafamentos, por um sistema dinâmico baseado no nível de densidade do tráfego. Este sistema é capaz de melhorar a eficiência do fluxo de tráfego através da junção de dados em tempo real com os algoritmos de aprendizagem automática que têm em conta a tomada de decisões, resultando provavelmente na redução do congestionamento rodoviário e das dificuldades que daí podem resultar.

A principal vantagem desta técnica é a sua adaptabilidade, uma vez que pode lidar com o tráfego que varia de uma forma inteligente. Os semáforos de tempo fixo dos planos tradicionais não são capazes de ter em conta nem mesmo as ligeiras alterações nos padrões de fluxo de tráfego, o que muitas vezes leva à redução da eficiência da estrada e ao congestionamento dos sinais durante as horas de ponta ou nos locais com tráfego desordenado. O sistema proposto utiliza a tecnologia de sensores para determinar a densidade do tráfego.

A unidade de controlo Arduino torna-se o cérebro do nosso sistema, que envolve a recolha dos dados de tráfego e, consequentemente, a tomada de decisões bem informadas sobre quando os sinais de trânsito devem ser ligados e desligados. A opção de ajustes automáticos dos tempos dos sinais é o que dá aos Sistemas de Controlo Adaptativo de Sinais uma vantagem sobre as sinalizações fixas idealizadas. Por outro lado, o sistema será compatível com a retroalimentação de dados em tempo real para permitir diagnósticos e reacções, orquestrando um fluxo de tráfego, especialmente em alturas de congestionamento.

É evidente que o sistema de controlo de tráfego inteligente sugerido pode reescrever a história do controlo de tráfego e garantir um fluxo de tráfego muito mais eficiente, tempos de espera mais curtos e, cumulativamente, melhores transportes urbanos no final do dia. No entanto, para que o processo de implementação seja bem sucedido, serão necessários diversos objectivos e coordenação. Por isso, o processo deve ser planeado cuidadosamente e integrado nas infra-estruturas de transportes existentes. Além disso, a segurança dos dados, a fiabilidade do sistema e a escalabilidade são os principais problemas enfrentados pela equipa durante o desenvolvimento e a implementação do projeto.

1.3.1 Méritos do sistema proposto

- Optimiza os intervalos dos semáforos de acordo com as informações de tráfego e os dados de densidade, o que ajuda a lidar com o congestionamento nas ruas e garante a eficiência da condução.
- Adapta-se a diferentes situações de tráfego, desde o tráfego normal até ao tráfego que

enfrenta possíveis riscos de acidente, melhorando assim a segurança rodoviária.

CAPÍTULO 2: PESQUISA BIBLIOGRÁFICA

2.1 Revisão da literatura

Syed R. Rizvi, Stephan Olariu e Michele C. Weigle[1] propuseram: A equipa de desenvolvimento utilizou a abordagem proactiva das Redes Ad Hoc Veiculares (VANET) para facilitar a partilha de informações espácio-temporais reais sobre as condições de tráfego em tempo real com os socorristas e os evacuados. O seu plano garante que os dados, que devem ser partilhados eficazmente, diminuam a desordem em caso de emergência. Através da utilização de VANET, esta rede dinâmica implica uma fonte atempada de disseminação de dados para separar os socorristas do tempo que estes demoram a analisar o incidente e a encontrar as melhores rotas nesse momento. Esta nova abordagem, que não se dedica apenas aos aspectos técnicos das VANET, mas também chama a atenção para as questões mais vastas das futuras tecnologias no domínio da segurança pública, pode constituir uma forma inovadora de alertar para situações sensíveis.

Hagtvedt [2] desenvolve: despojando uma estratégia cooperativa no restabelecimento da normalidade, mergulhando ao mesmo tempo na coordenação harmonizada para um bem maior. Apresentado na Winter Simulation Conference 2009, o artigo considera formas de otimizar a existência de ambulâncias durante períodos "quentes", ou seja, períodos em que o número de acidentes aumenta. Hagtvedt dá grande importância à criação de métodos que incentivem a cooperação entre os intervenientes relevantes, optimizando assim o nível de resposta das ambulâncias, de modo a que as situações mais urgentes sejam resolvidas rapidamente. A investigação conduzida nesta área melhora a gestão dos serviços de emergência médica em torno do desvio de ambulâncias, empregando estratégias como o planeamento da coordenação para enfrentar os desafios.

Chandrakar e Thomas [3], este artigo: descobrir a função da teledeteção na humanização da emergência de catástrofes antropogénicas apresentado no (ICETET-09). Sendo o papel das tecnologias de teledeteção uma das principais preocupações, o artigo sublinha o seu potencial para o desenvolvimento, a preparação para crises e a gestão. Os autores indicam as aplicações da deteção remota e fornecem exemplos de como os dispositivos sensoriais de alta tecnologia são capazes de fornecer dados vitais para o alerta precoce, monitorização e resposta a desastres provocados pelo homem. Através da sua apresentação no ICETET 2009, Chandrakar e Thomas participam na discussão sobre a utilização das mais recentes conquistas da ciência para planear a prevenção e a reação a catástrofes, com especial atenção para o lugar das técnicas de deteção remota na resolução dos problemas criados pelas catástrofes provocadas pelo homem.

Rizvi, Olariu, Rizvi, e Weigle [4] apresentam: os projectos de abordagens de alerta e gestão de emergência para o caos do tráfego, foram apresentados, na edição de julho-2003, da IEEE Communication Magazine. Este artigo descreve uma estratégia de comunicação que combina redes de comunicação e redes externas/internas de membros de comunidades informais para promover a disseminação de informação espácio-temporal. Através destes meios, os autores esperam diminuir o tumulto na estrada, quando ocorre um surto e a aptidão da conetividade das estradas é vista de forma eficaz. Os seus trabalhos são a pedra basilar para a criação de soluções tecnologicamente inovadoras em matéria de redes de comunicação e gestão de emergências, fornecendo assim orientações e conhecimentos sobre as estratégias que podem melhorar a coordenação e a distribuição de informações vitais durante o período de emergência.

Hsu, Sou, e Lin, afiliados à Universidade Nacional Cheng Kung [5] apresentam: uma equipa de software de alerta igualmente para mensagens de emergência em ambulâncias. No dia 17 de março de 2013, os funcionários publicaram o seu artigo sobre como selecionar um destinatário e como fornecer nas suas mãos um sistema eficiente de utilização da comunicação móvel para ambulâncias. Este estudo revela que o design da comunicação de emergência é uma questão muito complexa e a principal tarefa é criar um sistema que transmita com sucesso as informações necessárias no ambiente da ambulância. O trio de Hsu, Sou e Lin enriquece a ciência das comunicações ao apresentar as suas descobertas que irão facilitar os comandos de resposta a emergências, lançando as bases para os protocolos necessários para uma óptima coordenação e divulgação de informações em situações graves.

Derek Naris, Garofalakis, Makris, Prentzas, Sioutas e Tsakalidis [6] propuseram: uma lição sobre o sistema de informação que foi desenvolvido para ajudar a gestão dos serviços de ambulância. O seu artigo, que foi publicado na revista IEEE Communication Magazines em outubro de 2000, concentra-se em linhas bem definidas de um sistema de ambulância eficaz. Os autores delinearam a conceção e a funcionalidade do sistema de informação, destacando o papel do sistema no aumento da eficiência dos serviços de ambulância. Ao partilhar a sua experiência, juntamente com os outros trabalhadores, Naris fornece conhecimento, o que é essencial para a indústria, porque é uma forma de as soluções serem trazidas para resolver os problemas relacionados com o posicionamento e coordenação de ambulâncias para uma resposta de emergência mais eficaz.

David H. Stewart, Verizon William D. Ivancic [7]. População De acordo com o EMRI [Emergency Management Research Institute], o tempo médio de resposta aumentou, com a ambulância a demorar 40 minutos a levar um doente para o hospital, devido ao aumento da densidade do tráfego, não só nas cidades metropolitanas, mas também nas zonas suburbanas. Todos os dias, um número espantoso de carros, camiões, riquexós e scooters conseguem encravar nas ruas afuniladas da cidade até se misturarem numa massa frenética. Por vezes, torna-se realmente difícil prever se o trânsito está a avançar ou a recuar. De acordo com o TOI (Times Of India), cerca de 146.133 pessoas morreram em acidentes rodoviários na Índia no ano de 2016

Mohamed e Al-Shalfan [8]. A proposta "Sistema de gestão de tráfego inteligente baseado na Internet dos veículos (IOV)" demonstrará uma nova metodologia para controlar os processos de tráfego utilizando o poder da rede da Internet dos veículos (IOV). Este trabalho sugere um sistema de tráfego inteligente baseado na implantação de IOV (sistema integrado de bordo de veículos) que é capaz de recolher dados em tempo real de veículos em movimento na estrada para fornecer uma tomada de decisão atempada. O sistema procura descobrir as enormes potencialidades do IOV, aproveitando-o para melhorar a transição, reduzir o congestionamento e aumentar a eficiência de todo o sistema de transportes. Esta investigação responde à procura de sistemas de transporte inteligentes através da introdução de um método lógico mas inovador que combina tecnologia emergente para problemas de tráfego modernos.

Humagain et al. [9]. Introduzido "A systematic review of route optimization and pre-emption methods for ambulance, fire engines, and other emergency vehicles" (Uma revisão sistemática dos métodos de otimização de rotas e de prevenção para ambulâncias, carros de bombeiros e outros veículos de emergência) oferece uma visão abrangente de vários métodos utilizados para otimizar rotas e cruzamentos privilegiados para veículos de emergência. O estudo centra-se na exploração de diferentes abordagens e avalia o seu desempenho na redução dos tempos de resposta de emergência com base na literatura existente. Através da combinação do efeito de estudos já realizados, esta revisão envolve a competência e os pontos fracos de cada método que pode ser utilizado no desenvolvimento de sistemas rápidos e eficientes de despacho de veículos de emergência.

Bali et al. [10]. Introduziu o "Sistema de Gestão de Tráfego Inteligente baseado na Internet das Coisas", um sistema de gestão de tráfego altamente sofisticado que utiliza os avanços tecnológicos (IoT) para aumentar a eficácia e a rapidez. O artigo abrange duas secções principais: a primeira é a implementação e a conceção de um sistema inteligente de gestão do tráfego que pode receber e analisar informações sobre o tráfego em tempo real a partir de dispositivos que possuem IoT. Incorpora dispositivos IoT para deteção e vigilância por vídeo no sistema, reagindo dinamicamente a situações de tráfego e fornecendo deteção de congestionamentos, controlo dinâmico de sinais, otimização de rotas, etc. Esta investigação é principalmente dedicada ao avanço da tecnologia de sistemas de transporte inteligentes, aproveitando as capacidades da IoT para resolver problemas de gestão de tráfego de alto nível e tornar a rede rodoviária geralmente mais eficiente e segura.

Balid, Tafish, & Refai [11]. O sistema proposto destina-se à observação do tráfego e é constituído por um sensor inteligente que permite a contagem e a classificação dos veículos em tempo real. Este artigo apresenta o projeto e a realização de um sensor inteligente que recolhe e categoriza eficazmente os veículos na estrada de uma forma satisfatória. Com o sistema a mostrar os níveis e tipos de tráfego actuais, as operações de gestão do tráfego obtêm a informação de que necessitam para controlar o tráfego em tempo real, planear o desenvolvimento de infra-estruturas e atribuir recursos da forma mais eficaz. A investigação aqui desenvolvida permite que o domínio dos ITS disponha de um meio credível e isento de erros de controlo e gestão dos sistemas de tráfego nas cidades e zonas urbanas.

W. Bulid, H. Ta ubic, and H. H. Refae [12]. publicado na IEEE Transactions on Intelligent Transportation Systems em 2018, apresenta um "Intelligent Vehicles Counting and Classification Sensor for Real-Time Traffic Surveillance". Este sistema avançado utiliza a tecnologia de sensores para detetar, contar e classificar veículos em tempo real e fornece dados úteis. Permite combinar algoritmos inteligentes com o sensor e, consequentemente, fornecerá maior precisão e fiabilidade, mesmo nos cenários mais complexos. Na área urbana, o sistema é fiável na gestão do tráfego, porque pode fornecer informações em tempo real à autoridade para melhores estratégias de gestão do tráfego, como a redução do congestionamento, a otimização de rotas e o planeamento de infra-estruturas. Estas investigações, realizadas no âmbito do sistema de transportes inteligente, proporcionam uma solução inovadora e muito prática para criar uma boa estabilidade do sistema de vigilância e gestão do tráfego.

2.2 Especificação dos requisitos

2.2.1 Requisitos de hardware

- Dispositivos GPS
- Sistemas de comunicação
- Sistema de prioridade para veículos de emergência
- Sensores de monitorização do tráfego

2.2.2 Requisitos de software

- Sistema operativo: janela
- Linguagem de codificação: C

2.2.3 Requisitos do utilizador

- Equipar as ambulâncias com GPS para localização em tempo real, navegação e otimização de rotas.
- Estabelecimento de um sistema de comunicação eficaz dedicado à gestão do tráfego no interior da ambulância para uma melhor cooperação e coordenação.
- Introdução de um procedimento que dê prioridade aos veículos de emergência nos cruzamentos controlados por semáforos, de modo a que possam passar pelos verdes

(que têm prioridade para peões e ciclistas) e prosseguir em segurança pelos vermelhos (que impedem os veículos de avançar)

- Desenvolvimento de uma infraestrutura de servidores fiável que albergará bases de dados contendo rotas mais curtas, localizações GPS e condições de tráfego.
- Utilização de sensores de monitorização do tráfego de classe mundial (incluindo ultra-sónicos e visuais) que permitem ajustes em estado estacionário e, em última análise, em tempo real.
- O sistema deve ser capaz de identificar os veículos com a ajuda de sensores electrónicos de infravermelhos que serão capazes de diferenciar os veículos através das suas assinaturas específicas de emissões.
- O sistema fornecido deve ser fiável, com componentes adicionais como sensores e hardware redundantes, garantindo o seu funcionamento contínuo em caso de falha dos sensores ou outros problemas relacionados com o sistema.

2.2.4 Requisitos funcionais

- Certifique-se de que a localização e o envio de ambulâncias por GPS são possíveis, rápidos e eficientes. Estabeleça sistemas de comunicação integrados para as ambulâncias que lhes permitam coordenar-se com a gestão do tráfego e os hospitais.
- A prioridade da passagem dos veículos de emergência nos sinais de trânsito deve scr cncorajada para uma navegação rápida e segura. Os sensores devem ser utilizados para alterar os seus sinais de modo a ajustarem-se às condições de tráfego actuais para um fluxo de tráfego mais eficaz.

2.3 Estudo do sistema

2.3.1 Estudo de viabilidade

Ao analisar um sistema de gestão de tráfego que adopta a Internet das Coisas, é muito importante determinar se este é útil, assegurando que a situação faz sentido e traz resultados positivos. Vamos tornar isto ainda mais fácil de entender. Deve começar por verificar se existe uma procura real de uma solução de tráfego inteligente e se o grupo de pessoas beneficiaria com ela. Isto significa recolher informações sobre o que as pessoas na estrada podem estar a enfrentar e se gostariam de ter um sistema que funcione bem. Depois disso, deve verificar a tecnologia que será utilizada, como os sensores e as ferramentas de conetividade. Fá-lo-á, em particular, através da criação de um sistema que seja razoável de operar em comparação com os benefícios trazidos, tais como a poupança de tempo de viagem e de engarrafamentos. Depois disso, os desafios relacionados com a implementação surgem com a ideia de que é ou não possível pôr este sistema em prática na realidade? Existem leis ou códigos que nos possam impedir? Isto também se prende com o tempo que é necessário para preparar as coisas e se, de facto, tem o grupo correto de pessoas e recursos para a tarefa. E não se esqueça de ser extremamente cauteloso ao tomar esta medida e de colocar a proteção ambiental acima de tudo. Tenha em conta de forma exaustiva a utilização arriscada de ameaças de cibersegurança ou problemas técnicos, uma vez que estes problemas devem ser resolvidos com um plano de recuperação específico. Por fim, a base do formulário de inquérito e o estado do projeto serão divulgados conforme necessário. É importante garantir que o público esteja a par do plano. Se considerarmos os aspectos humanos, como compreender as necessidades das pessoas, garantir o funcionamento do sistema e ter cuidado com o ambiente e a lei, temos o poder de conceber a viabilidade do sistema de gestão do tráfego baseado na IoT e de definir uma estratégia sólida para a sua aplicação efectiva.

2.3.2 Viabilidade económica

Antes de mais, comece por calcular as despesas associadas a este negócio. A orçamentação do projeto é uma obrigação, em termos de redução de custos. Esta ação é muito semelhante à relação entre o dinheiro gasto e o valor do produto final. De facto, segue-se a definição das vantagens, que é de extrema importância. Os efeitos positivos que o projeto trará para a empresa devem ser os principais aspectos a ter em conta, a par das questões que procuram responder se esses ganhos compensam os custos. No processo de gestão do tráfego, questões como o tempo de deslocação e a diminuição dos gastos de combustível também devem ser tidas em consideração. Depois, há o fator tempo, relacionado com uma perspetiva situacional. A deliberação não é obviada pela duração do tempo em que o projeto se aprofunda para alcançar os resultados desejados. Um período de tempo demasiado longo irá comprometer a própria possibilidade de um investimento efetivo.

Uma vez que um tal sistema de gestão pode demorar, digamos, alguns anos, é útil. Para além de considerar os aspectos sociais, é vital ter em conta o maior desvio. Se o projeto ajudar a criar postos de trabalho ou contribuir para beneficiar as pessoas da comunidade local, então será economicamente viável. Não se trata apenas de o investidor ter uma justificação para o investimento, mas sim de ver que o projeto é benéfico para si.

Em último lugar, vale a pena referir a importância da avaliação dos riscos. Um estudo detalhado dos buracos e dos efeitos que estas incertezas podem ter na vertente financeira deve ser feito antes do início do projeto, a fim de evitar possíveis problemas. Uma preparação eficaz para os casos de emergência tem consequências vitais para a atenuação dos riscos a que o projeto está exposto e para a contenção da estabilidade económica global do projeto. Para ser mais preciso, a viabilidade económica é uma questão de técnica e financiamento com uma base económica lógica, juntamente com a consideração de custos e benefícios. Além disso, as consequências de tal ato para a sociedade das pessoas e dos indivíduos também são destacadas.

2.3.3 Viabilidade técnica

A avaliação da viabilidade técnica da deteção de emoções em linha numa forma devidamente disponível é uma fase necessária da análise dos componentes tecnológicos do sistema planeado. Isto implica o desenvolvimento de um quadro de arquitetura do sistema que inclui a escolha algorítmica, a incorporação de modelos de aprendizagem automática e de aprendizagem profunda para uma melhor e mais precisa deteção das emoções. A existência e o nível de ligação dos elementos básicos de hardware e de software são contemplados, respetivamente, bem como a possibilidade de fazer crescer o sistema em função do aumento de utilizadores nas páginas Web. Além disso, a pesquisa investiga a questão da possibilidade de processamento em tempo real, ou seja, que haja uma análise adequada das emoções das pessoas envolvidas no momento em que está a acontecer. A análise da capacidade técnica apresenta possíveis questões de segurança e privacidade dos dados. Será também um exame da robustez do sistema, tendo em conta as disposições regulamentares e as expectativas dos utilizadores. Consequentemente, este estudo de viabilidade técnica pode ser a informação mais valiosa a acrescentar num debate com as partes interessadas sobre a experiência real e as possíveis dificuldades de aplicar esta abordagem em sistemas em linha.

O microcontrolador mais popular e versátil que ajuda o Arduino Uno ATMega 328, que actua como uma unidade central de processamento, que é o ATMega 328, é compatível para ser usado com vários sensores e também fácil de programar. O facto de ter sido comummente aplicado em sistemas incorporados e projectos IoT atesta a elevada eficácia tecnológica deste sensor.

Um controlador de tráfego e um sistema de semáforos, montados a partir de sistemas embebidos e tecnologia LED, processarão os dados e gerirão os sinais de trânsito. Tendo em conta que ambas as soluções são tecnicamente viáveis, capitalizando a tecnologia que já está implementada nos sistemas de tráfego.

A análise do tráfego consiste em tirar proveito das informações dos dados obtidos através da aplicação de métodos de análise de dados, o que pode ser tecnicamente viável, uma vez que a ciência e a análise de dados já estão em fase avançada. A implementação pode ser mais difícil do que a modelação, mas com o advento dos sistemas computacionais modernos, com uma consideração adequada dos recursos computacionais, é agora viável.

CAPÍTULO 3: CONCEPÇÃO DO SISTEMA

3.1 Arquitetura do sistema

Imagine um sistema que funciona como um guia de trânsito especializado; nem sequer terá de pensar em deslocações, porque se concentra nas rotas mais convenientes. A sua composição é constituída por sensores e equipamentos únicos, muitos dos quais são colocados junto às estradas para fornecer ao sistema a visão e os ouvidos de que necessita para funcionar corretamente. Para além destes aparelhos, que incluem câmaras e sensores de tráfego, as informações sobre as fontes de tráfego são intensamente monitorizadas por factores como a densidade de veículos, a velocidade e o congestionamento. Para que haja uma troca de informações e uma comunicação contínuas entre estes produtos, é necessária a conceção de uma infraestrutura fundamental que pode ser comparada ao sistema de Internet dos telemóveis inteligentes. Assim, podem interagir com os seus amigos, outros alunos e outras pessoas importantes através destes meios de comunicação. Além disso, os dados não são enviados para um local distante, mas sim processados dentro da rede de dispositivos em que se encontram.

Cada dado obtido por estes dispositivos chega ao local designado como Figura 3.1. Funciona como uma grande cabeça que processa os dados muito rapidamente. Em seguida, cria uma previsão das áreas onde o tráfego pode estar parado ou abrandado e fornece uma resposta inteligente. No local estão os computadores de comando, que são considerados o cérebro, e enviam sinais para os semáforos localizados nas ruas. Os semáforos com capacidades inteligentes serão os semáforos; cada um deles tem os seus temporizadores ajustados com os comandos do centro de comando central. Estes semáforos, ao contrário dos convencionais, têm a capacidade de alterar os horários de forma autónoma, de acordo com a situação. Por exemplo, se o sistema detecta um aumento de tráfego numa determinada rua, pode prolongar o tempo de verde para garantir a uniformidade do fluxo de veículos.

Para falar de humanos, existe uma aplicação especial, tal como uma aplicação de telemóvel, que nos mostra o tráfego intenso. Por vezes, podemos saber que uma determinada estrada está bloqueada porque o assistente de tráfego pode informar o público e até sugerir estradas alternativas. E para estar ao mesmo nível da segurança do telemóvel, o nosso sistema de tráfego também tem medidas de precaução contra os hackers que podem facilmente estragar todo o sistema.

Em situações de emergência, como uma ambulância que se apressa a salvar alguém, o sistema pode indicar-lhe um caminho claro, garantindo que chega rapidamente ao seu destino. Além disso, o sistema foi concebido para crescer e aprender, adaptando-se às novas tecnologias e tornando as nossas viagens ainda melhores ao longo do tempo. Assim, em termos simples, é como ter um companheiro de trânsito sábio que torna as nossas estradas menos stressantes e mais eficientes.

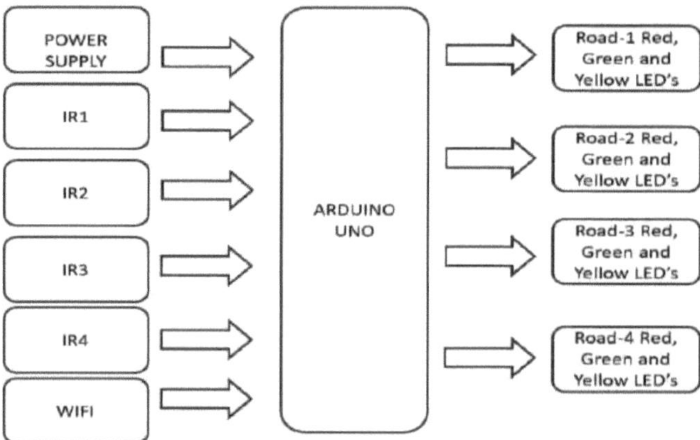

Fig 3.1: Arquitetura do sistema

3.2 Diagramas UML

A Linguagem de Modelação Unificada (UML) fornece um instrumento sistematizado que é adequado para a representação, conceção e comunicação da arquitetura de software. Os Diagramas de Casos de Utilização têm o papel vital de ilustrar as funções do sistema do ponto de vista dos utilizadores, anotar actores que se assemelham a entidades externas e destacar casos de utilização que demonstram as capacidades do sistema. No entanto, os Diagramas de Classes apresentam características estruturais de todos os elementos como um todo, com atributos, métodos e colaborações de classes representados entre todos os componentes de software envolvidos. Os

Diagramas de Classes na arquitetura de software são um excelente meio para mostrar em pormenor como é a arquitetura (acrescente explicações sobre como ajuda as partes interessadas a compreendê-la e a comunicá-la). Humanizar a frase fornecida: Esta manifestação visual, de facto, não só contribui para a fase inicial de conceção, como também é a base para o desenvolvimento, funcionamento e estipulações posteriores dos sistemas de software.

3.2.1 Diagrama de fluxo de dados

O Diagrama de Fluxo de Dados (DFD) é uma forma que mostra o caminho que os dados seguem dentro de um sistema de uma forma gráfica. Ilustra o processo de como os dados viajam de um ponto para outro, de diferentes etapas de um processo, comandos e também outras ramificações. A figura mostra o fluxo de dados desde os elementos de entrada até aos armazenamentos de dados resultantes, onde os dados são guardados. Os caminhos mostram como os dados fluem entre os componentes, enquanto as entidades externas simbolizam as fontes ou destinos dos dados. Os DFDs servem para a criação da estrutura funcional do sistema e a sua visualização através da interação entre vários elementos. Estes gráficos demonstram a saída global de dados dentro do sistema e facilitam a arquitetura, a conceção e a compreensão da informação, como se pode ver na Figura 3.2. O Arduino Uno, com a ajuda de sensores, processa os dados recolhidos rotineiramente em tempo real (por exemplo, a densidade do tráfego) e toma decisões sobre o ajuste do padrão de tráfego, se houver um evento. A capacidade do sistema é sintetizada através do Controlo Adaptativo de Sinais, que é aquele que ajusta os tempos dos sinais com base nos dados processados. Este cruzamento de dados entre os sensores externos baseados na rede de computadores e os registos de gestão internos marca a elevada fiabilidade e autonomia do sofisticado sistema de monitorização do tráfego que foi criado para reduzir o congestionamento e garantir a fluidez do tráfego.

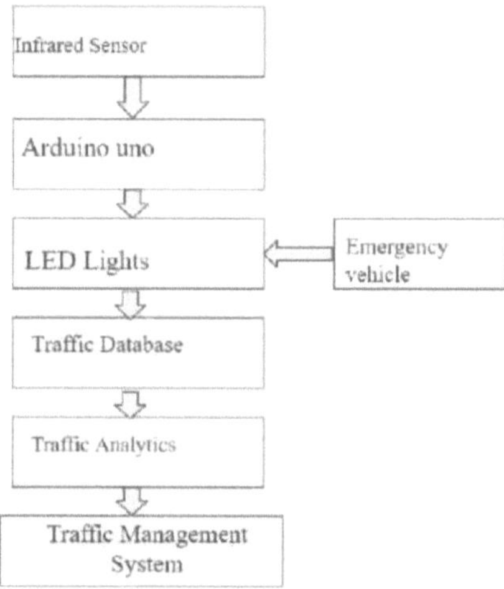

Fig 3.2: Diagrama de fluxo de dados

3.2.2 Diagrama de classes

O diagrama de classes UML apresentado na Figura 3.3 representa visualmente a estrutura estática do sistema de gestão do tráfego. A formação principal e as informações de formação incluem as competências em matéria de segurança dos dispositivos IoT, gestão do fluxo de tráfego, sistema de controlo central e resposta dos serviços de emergência. Por exemplo, a classe dos dispositivos IoT pode consistir em atributos como o tipo de sensor e o protocolo de comunicação com os métodos de obtenção e entrega específicos para a recolha e transmissão de dados. Devido à possibilidade de a relação ser generalizada entre determinados sensores específicos, como o sensor de infravermelhos e o sensor de padrão de emissão, esta estrutura global destacada, agora considerada hierárquica, torna-se evidente. É previsível uma relação unionista entre o Arduino Uno e o Módulo de Controlo de Sinais, o que implica que não podem ser separados. A tendência da relação entre o Sensor de Tráfego e o Arduino Uno deve ser notada, pois reflecte a dependência do segundo em relação ao primeiro para obter informações básicas sobre o tráfego.

22

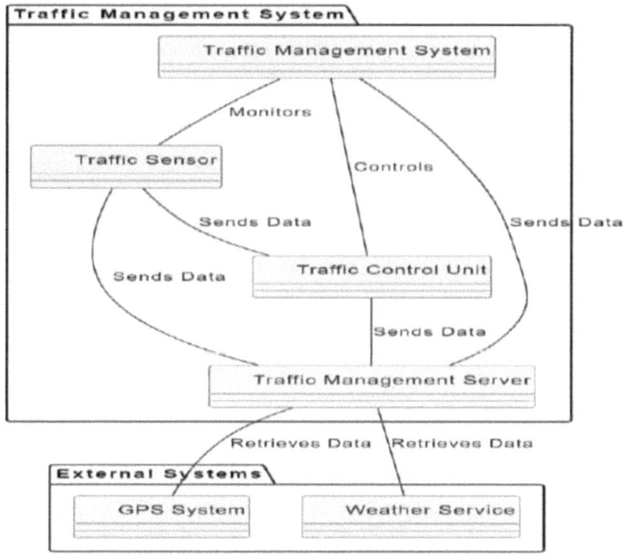

Fig 3.3: Diagrama de classes

3.2.3 Diagrama de casos de utilização

Neste contexto, o diagrama de casos de utilização para o sistema de gestão do tráfego com IoT é mapeado pelos intervenientes Autoridade de Gestão do Tráfego, Dispositivos IoT e Utilizadores. O cenário (utilizador, sistema e ambiente) e as entradas/saídas relacionadas fornecem exemplos de casos em que esta tecnologia será praticada. Na Autoridade de Gestão de Tráfego, podemos encontrar aplicações que incluem "Controlo de Tráfego", "Ajuste dos Tempos dos Sinais de Trânsito" e "Receção de Alertas de Emergência".

Os dispositivos IoT, por outro lado, participam em casos de utilização como "Recolher dados de tráfego" e "Comunicar com o sistema central". Os utilizadores podem interagir com o sistema através de casos de utilização como "Aceder a informações de tráfego" ou "Comunicar incidentes", como mostra a Figura 3.4 abaixo.

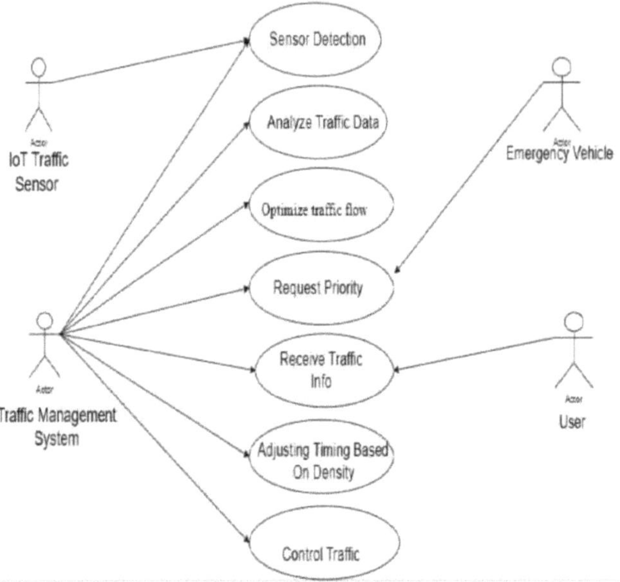

Fig 3.4: Diagrama de casos de utilização

3.2.4 Diagrama de sequência

O diagrama na sequência mostra as funções e os componentes em movimento, neste sistema de gestão de tráfego, o sabor da Internet das coisas. O cenário é iniciado pelo coletor de sensores de tráfego IoT e pelo router de sensores de tráfego IoT que solicitam dados de tráfego após o ator condutor de veículos, que solicita a IoT. Além disso, o Sistema de Gestão de Tráfego (TMS) inicia uma conversa com o sensor para localizar a densidade atual do tráfego em consideração. Este sistema é considerado avançado, uma vez que foi concebido para manipular rapidamente as informações de tráfego. Elimina as entradas redundantes e produz um fluxo de tráfego eficiente. Em algumas situações de tráfego com baixa densidade de veículos, um sistema de sinais temporizados pode ser ajustado para controlar o tráfego, como ilustrado na Figura 3.5.

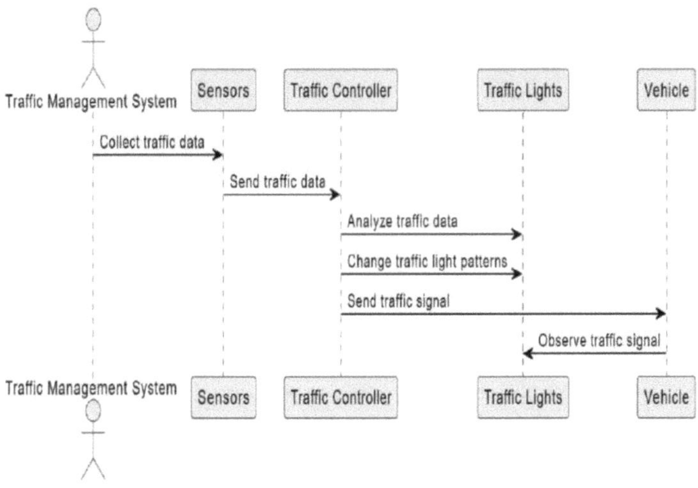

Fig 3.5: Diagrama de sequência

3.2.4 Diagrama de componentes

No diagrama de componentes, é apresentada a estrutura da IoT para o "Sistema de gestão de tráfego". No pacote "Sistema de Gestão de Tráfego", elementos como "Condutor de Veículos", "Aplicação de Gestão de Tráfego" e "Sistema de Gestão de Tráfego" como um todo dão aos utilizadores acesso ao sistema e a todas as suas funções a serem coordenadas. O pacote "Sensor IoT" tem duas subcategorias: "Sensor de tráfego IoT" e "Sensor de veículos de emergência", que utiliza os dados de condução em tempo real para tomar decisões através da gestão do tráfego.

A "Base de Dados de Informação" é o local onde são armazenadas as informações dos sensores. O gráfico demonstra que estes componentes trabalham em conjunto para realizar tarefas como controlar os semáforos, manter padrões de fluxo óptimos e garantir o conforto dos condutores. Um dos melhores aspectos da Figura 3.6 é o facto de ser um plano de instruções condensado para compreender como o sistema é construído e como as várias partes do sistema interagem umas com as outras.

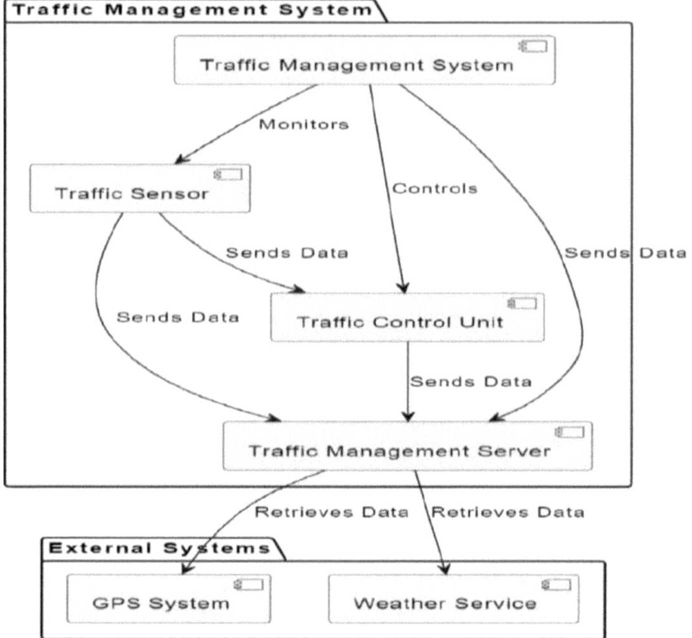

Fig 3.6: Diagrama de componentes

CAPÍTULO 4 : METODOLOGIA E APLICAÇÃO

4.1 Metodologia

Há um grave congestionamento do tráfego nalgumas grandes cidades, o que constitui um verdadeiro incómodo tanto para a população local como para os visitantes. Estou também a considerar a possibilidade de utilizar o controlo automático do tráfego ou o policiamento do tráfego durante as horas de menor movimento para facilitar o tráfego em alguns cruzamentos principais. Por um lado, a modelação manual do tráfego continua a basear-se no tempo, que só pode ser alargado em caso de engarrafamentos que exijam uma preparação de emergência. A prioridade máxima dos semáforos nos períodos de ponta é ajustar-se (ou mudar) para facilitar o maior número de veículos (esperando que as pessoas avancem na mesma rota), incluindo veículos VIP, ambulâncias e outros veículos de emergência. Para acomodar a carga de tráfego, o sistema deve instalar semáforos com base na medição da espessura da faixa de rodagem, que toma o volume de tráfego nos sinais como critério para que os semáforos correspondentes se acendam. O protótipo, construído com módulos de sensores IR e tecnologia Arduino, foi concebido com programação personalizada para um bom funcionamento operacional. As unidades de sensor IR são a principal fonte de cálculo da densidade de tráfego em estradas seleccionadas, especialmente porque é o dispositivo de deteção remota mais preferido em relação ao seu valor económico e interface amigável. Mais importante ainda, a capacidade de deteção ambiental dos sensores IR pode não ser fiável sob iluminação normal. Isto indica que o aspeto técnico aqui está sujeito ao abuso da luz. Os sensores de infravermelhos foram cuidadosamente instalados em cada estrada com o objetivo de obter precisão na recolha do volume de tráfego; estes sensores estão constantemente a verificar a respectiva estrada. O arduino funciona como um hub ao qual todos estes sensores estão ligados. A unidade de controlo é responsável pela monitorização e controlo de toda a rede Web, que obtém os dados dos sensores que lhe estão ligados. Para saber a quantidade de camiões disponíveis, conheça a figura 4.1 que mostra como o tráfego é gerido. O princípio pode ser aplicado alterando o tempo de trânsito dos semáforos em função do número de veículos que circulam num determinado troço de estrada. Em termos de razões pelas quais foram colocados quatro sensores em cada lado de uma estrada de quatro faixas, o objetivo era perceber quantos veículos passam num local específico.

CONTROLO DE TRÁFEGO INTELIGENTE

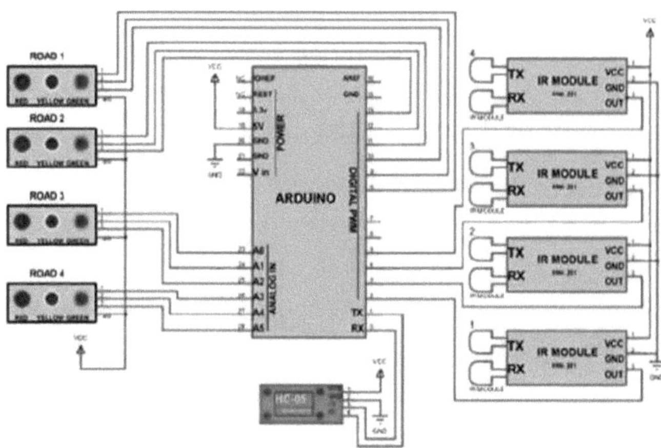

Fig. 4.1: Sistema de controlo de tráfego

Nos próximos anos, poderão ser utilizadas unidades de deteção adequadas para que o processo possa também ser melhorado. Os sensores de infravermelhos foram cuidadosamente incorporados em cada estrada com o objetivo de obter precisão na recolha do volume de tráfego; estes sensores estão constantemente a verificar a respectiva estrada. O arduino funciona como um hub ao qual todos estes sensores estão ligados. A unidade de controlo é responsável pela monitorização e controlo de toda a rede Web, que obtém os dados dos sensores que lhe estão ligados. Para saber a quantidade de camiões disponíveis, conheça a figura 4.1 que mostra como o tráfego é gerido. O princípio pode ser aplicado alterando o tempo de trânsito dos semáforos em função do número de veículos que circulam num determinado troço de estrada. Em termos de razões pelas quais foram colocados quatro sensores em cada lado de uma estrada de quatro faixas, o objetivo era perceber quantos veículos passam num local específico, devendo haver um total de quatro sensores IR e oito LEDs. É por isso que estão ligados a quaisquer duas das portas do Arduino. O módulo de sensor de infravermelhos (IR) tem um transmissor e um recetor incorporados, como mostra a Figura 4.2.

Fig 4.2 : Estabelecimento da ligação

A função principal é o controlo dos sinais de trânsito com base na densidade, um algoritmo de controlo que é utilizado para ajustar os semáforos à densidade do condutor e do tráfego. Todos os cruzamentos têm unidades de deteção por infravermelhos fixadas na referida caixa de sinalização. O número total de carros na estrada num determinado momento afecta o tempo de atraso dos semáforos. Isto faz com que o tráfego. Os sistemas de sensores de infravermelhos são utilizados para medir o número de camiões que se aproximam, bem como de outros veículos. A contagem de infravermelhos é da responsabilidade do controlador Arduino para indicar ao semáforo qual a rua que deve chegar primeiro, quanto tempo e quando as prioridades devem intervir.

4.2 Módulos

- Arduino Uno
- Sensores IR
- Módulo Wi-Fi - ESP8266

4.3 Descrição do módulo
4.3.1 Arduino Uno:

O Arduino é um software, um programa e uma comunidade de fonte aberta que inventou e orientou o desenvolvimento das placas de controlo Arduino, que são pequenos dispositivos electrónicos programáveis constituídos por uma bateria integrada, um processador e outros componentes semelhantes, que fazem girar o engenho em torno da criação de dispositivos electrónicos digitais e dispositivos interactivos que podem ser armazenados e geridos eletronicamente. A placa Arduino e o software estão licenciados de acordo com a GPL ou LGPL.

As placas Arduino têm normalmente vários tipos de microcontroladores, processadores e até controladores. As placas estão basicamente equipadas com pinos de E/S digitais e analógicos (interfaces inter-operacionais) para ligação a outros circuitos, como placas de desenvolvimento adicionais, breadboards ou tokens. As placas incluem igualmente as portas de série de interação geral, que podem ser tomadas USB em certos modelos de placas, que transferem o software através de computadores pessoais, como ilustrado na figura 4.3.

O fabrico de um controlador Arduino está relacionado com a utilização de uma linguagem do tipo C, C ++. O Projeto Arduino também faz avançar as cadeias de ferramentas do compilador, criando o segundo plugin, um Ambiente Integrado de Conceção (IDE), escrito na Linguagem de Processamento.

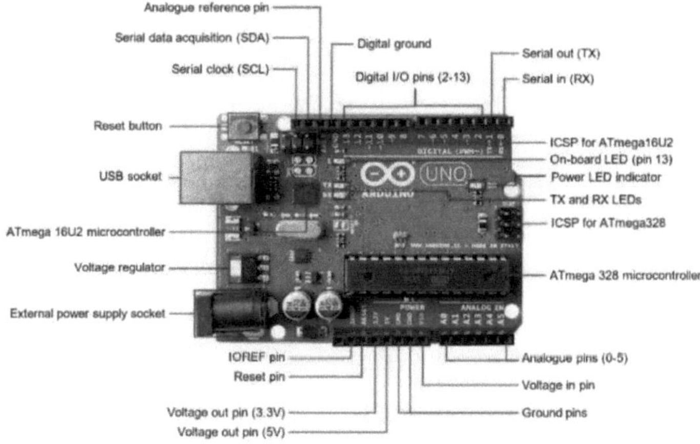

Fig 4.3 : Arduino Uno

4.3.2 Sensor IR

As tecnologias de sensores IR substituíram a forma convencional de gestão do tráfego. Isto torna natural a capacidade dos sinais de trânsito dependentes da densidade. Duas partes do dispositivo - o transmissor de infravermelhos (transmissor IR) e o recetor de infravermelhos (fotodíodo) - estão incluídas nestc módulo de deteção de infravermelhos. O sistema de radar será dividido em duas partes principais, os transmissores e os receptores que estarão situados em lados diferentes da estrada, os transmissores estarão separados aproximadamente a uma distância predefinida. Um sensor de infravermelhos é instalado nas proximidades da secretária. Os dados que obtém periodicamente sobre o carro quando passa por baixo dele serão enviados para um microcontrolador chamado Arduino.

O controlador Arduino regista o número de veículos presentes na rua em caso de engarrafamento e ajusta o tempo de acendimento dos LEDs por esta ordem. A variação dos LEDs que brilham durante mais tempo depende do tamanho ou da largura das faixas de rodagem ou das estradas. Se for significativa, os LEDs brilharão durante mais tempo, mas se for mais curta, os LEDs brilharão durante menos tempo. Os semáforos começarão a funcionar com um atraso de 1000 nanossegundos, ao contrário da figura anterior, que é

1 ns abaixo do nível aceitável. A placa ligada ao router que está a ser totalmente sectorizado é montada nessa junção cruzada. Isto ajuda o robot a mover-se, quer para a frente quer para trás, quando necessário. Isto é conseguido através da junção dos LEDs e dos sensores IR com um controlador Arduino. O número quatro de sensores IR e dezoito LEDs devem ser totalmente instalados. No entanto, se ligar um a cada porta ou a mais do que um Arduino, a sua funcionalidade pode variar, razão pela qual são ligados a quaisquer duas das portas do Arduino ou mesmo a mais do que um Arduino.

O produto que deve ser utilizado num sentido particular é o LED IR do ícone sensível à luz ilustrado na figura 4.4. Os LED IR são produzidos a partir de nanoestruturas com descontinuidade de energia de 0,25 a 0,4 eV. Com os díodos, o emissor emite raios infravermelhos, irradiados como uma onda electromagnética no plano. Os raios infravermelhos irradiam definitivamente em cada direção e, além disso, descobriu-se que, quando se desloca para a frente, viaja em linha reta. O infravermelho produz as ondulações ou emite estas ondulações quando choca com qualquer objeto. Em particular, esta é a abordagem utilizada para este estudo.

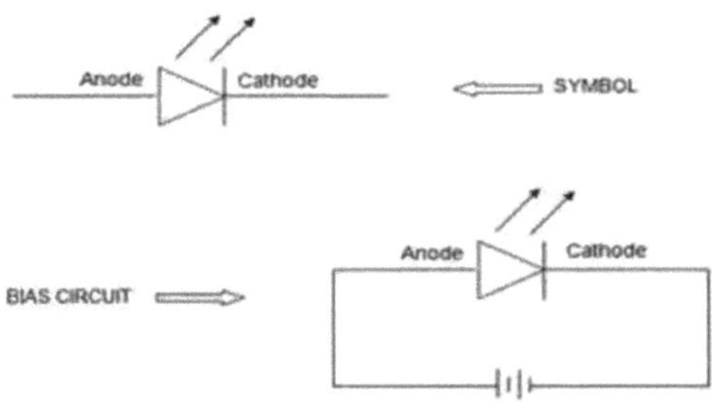

Fig 4.4: TRANSMISSOR IR

Um recetor de radiação infravermelha é muito semelhante a um díodo de junção PN, como mostra a figura 4.5. No entanto, funciona com polarização inversa. Tem um pedaço fino de vidro que dispersa a luz na junção do PN. Um fotodíodo que possa funcionar como detetor de luz, por exemplo, pode converter a luz em eletricidade ou o contrário, o que significa que funciona num ou noutro modo. No entanto, muitos fotodíodos parecem-se tipicamente com os díodos emissores de luz. No total, haverá quatro fios, exceto um - os de baixo serão dois. O cátodo é curto na extremidade esquerda e o ânodo é mais longo na extremidade direita.

O fotodíodo pode ser uma junção PN ou uma estrutura PIN. A interação de um fotão de energia específica com um díodo excita o eletrão e cria um buraco de eletrão positivo. O eletrão móvel separa-se do local fixo, enquanto o buraco é positivo. Estes portadores são varridos para fora do campo elétrico de depleção. O facto de o processo ter lugar no próprio campo elétrico de depleção ou aproximadamente dentro de um comprimento de difusão da junção é o efeito de absorção. Assim, os buracos são polarizados eletricamente em direção ao cátodo e os electrões em direção ao ânodo, gerando por sua vez uma foto-corrente eléctrica.

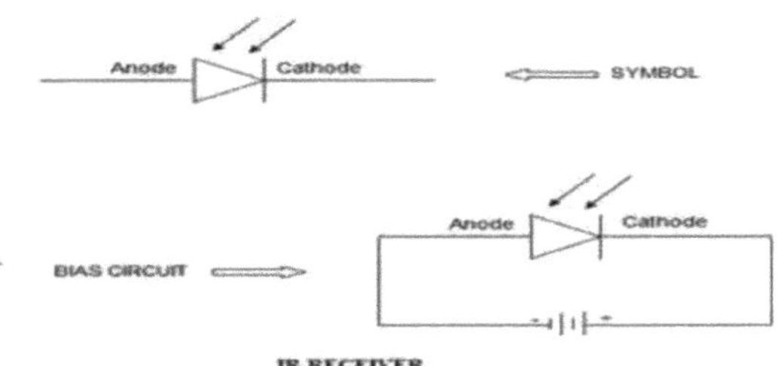

Fig. 4.5: Recetor IR

O sensor de infravermelhos é uma parte integrante do módulo que possui transceptores e receptores. Como se pode ver na figura 4.5, o controlo dos sinais de trânsito baseado na densidade é a função principal: este algoritmo ajusta os tempos dos sinais de trânsito à densidade e ao fluxo de carros, acelerando assim o fluxo. O campo tem um equipamento de infravermelhos para cada intervalo da caixa de sinais, que foi previamente fixado a uma distância específica. A decisão de quanto tempo o ar ficará vermelho ou verde é tomada de acordo com o número de carros em movimento nesse instante de tempo específico. A implementação de um sensor de infravermelhos pode ser uma opção viável para visualizar o número de carros que passam. O controlador Arduino identifica a faixa seguinte na ordem de prioridade e define a duração do sinal verde para essa faixa através da contagem de dados IR dos sensores.

4.3.3 Módulo Wi-Fi

O ESP8266 é responsável pelo módulo WiFi na conetividade Iot com um chip em miniatura, baixo custo e funcionalidades fantásticas. O ESP8266 adicionou muito à conetividade Iot. Desde 2017, a Espress if Systems criou-o e tornou-se uma parte comum de muitos projectos IoT, permitindo que a conetividade sem fios cresça cada vez mais, combinando-a em tantos gadgets e dispositivos da nossa utilização diária. A flexibilidade e a intuitividade de utilização do dispositivo são a razão pela qual fornecedores, designers e especialistas o preferem para criar novos sistemas e soluções IoT para uma vasta gama de aplicações.

O módulo ESP8266 tem inúmeras especificações que o destacam, por exemplo, a possibilidade de funcionar como estação (STA) ou ponto de acesso (AP), o que permite que os dispositivos se associem a redes pré-existentes ou criem as suas próprias redes, respetivamente. A existência de pinos GPIO como estes confere ao ESP8266 a capacidade de interface com sensores e actuadores externos, onde a conetividade é o principal componente das aplicações IoT. Além disso, a sua compatibilidade total com a programação bem conhecida engloba o Arduino IDE, MicroPython e Lua. Os novos utilizadores, sem necessidade de conhecimentos avançados, podem aplicar todas as capacidades do módulo. O ESP8266, que inicialmente parecia ser tão pequeno, é capaz de revolucionar a forma como pensamos sobre dispositivos inteligentes. Foi concebido para gerir uma variedade de tarefas que nunca considerámos, desde a resistência de dados à comunicação instantânea.

O ESP8266 é amplamente aplicado em toda a esfera de negócios da Internet das Coisas (IoT), desde a automação doméstica, inteligência agrícola, monitorização empresarial, para citar apenas alguns. Na automação doméstica, pode ser utilizado para substituir ou melhorar o controlo de aparelhos inteligentes, realizar alertas precoces de anomalias ambientais e conceder acesso remoto a dispositivos. No sector agrícola, permite a agricultura de precisão através da recolha de dados de sensores relacionados com a humidade do solo, a temperatura e a humidade. Da mesma forma, em fábricas industriais, o ESP8266 permite a monitorização de máquinas com manutenção preditiva e otimização de processos, maximizando assim a eficiência resultante e minimizando o tempo de paragem no processo de operação.

A diversidade de programadores, amadores e colaboradores constitui o principal ponto alto da comunidade ESP8266. A enorme documentação e a existência de fóruns e bibliotecas de código aberto proporcionam aos utilizadores conhecimentos e ferramentas suficientes para os ajudar nos seus projectos, bem como a capacidade de resolver os problemas mais difíceis que possam ocorrer. A evolução do ESP866 no horizonte introduz as suas mais recentes capacidades, como melhorias periódicas do firmware, actualizações de hardware, integração em tecnologias mais recentes, etc. À medida que as aplicações IoT continuam a crescer, o chipset ESP8266 está a ganhar força e, por isso, está posicionado como a melhor solução para trazer uma nova era de modernização e conetividade. A figura 4.6 abaixo mostra como a procura e a oferta de eletricidade variam ao longo de um período de tempo até atingirem o equilíbrio.

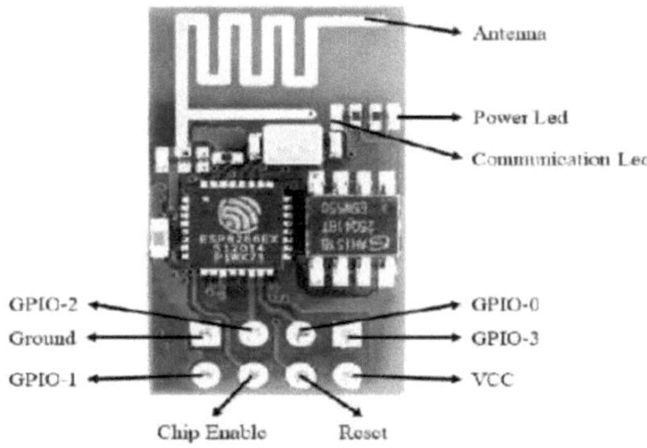

Fig 4.6: Módulo Wi-Fi

4.4 CÓDIGO FONTE

```c
#include <stdio.h>
unsigned char rcv,count,gchr,gchr1,robos='s';

int sti=0;

String inputString = "";        // a string to hold incoming data
boolean stringComplete = false; // whether the string is complete
int ir1 = 2;
int ir2 = 3;
int ir3 = 4;
int ir4 = 5;
int led1_green = 10;
int led1_yellow = 9;
int led1_red   = 8;
int led2_green = 13;
int led2_yellow = 12;
int led2_red   = 11;
int led3_green  = A2;
int led3_yellow = A1;
int led3_red   = A0;
int led4_green = A5;
int led4_yellow = A4;
int led4_red    = A3;
float tempc=0;
float vout=0;
void delay_c(unsigned int itime)
{
  unsigned int x=0,y=0;
  for(x=0;x<itime;x++)
    {
      for(y=0;y<20000;y++);
    }
}
void t_delay(unsigned int tvalue)
{
unsigned int k,l;
for(k=0;k<tvalue;k++)
{ delay(10);
 if(digitalRead(ir1) == HIGH)
   {
digitalWrite(led1_green,LOW);digitalWrite(led1_yellow,HIGH);digitalWrite(led1_red
, HIGH);
```

```
digitalWrite(led2_green,HIGH);digitalWrite(led2_yellow,HIGH);digitalWrite(led2_re
d, LOW);
digitalWrite(led3_green,HIGH);digitalWrite(led3_yellow,HIGH);digitalWrite(led3_re
d,LOW);
digitalWrite(led4_green,HIGH);digitalWrite(led4_yellow,HIGH);digitalWrite(led4_re
d, LOW);
  Serial.write("AT+CIPSEND=0,11\r\n");delay(2000);
  Serial.write("Rd-1 Dens\r\n");delay(3000);
 }
 if(digitalRead(ir2) == HIGH)
  {

digitalWrite(led1_green,HIGH);digitalWrite(led1_yellow,HIGH);digitalWrite(led1_re
d, LOW);
digitalWrite(led2_green,LOW);digitalWrite(led2_yellow,HIGH);digitalWrite(led2_red
,HIGH);
digitalWrite(led3_green,HIGH);digitalWrite(led3_yellow,HIGH);digitalWrite(led3_re
d, LOW);
digitalWrite(led4_green,HIGH);digitalWrite(led4_yellow,HIGH);digitalWrite(led4_re
d, LOW);
  Serial.write("AT+CIPSEND=0,11\r\n");delay(2000);
  Serial.write("Rd-2 Dens\r\n");delay(3000);
 }
 if(digitalRead(ir3) == HIGH)
  {
digitalWrite(led1_green,HIGH);digitalWrite(led1_yellow,HIGH);digitalWrite(led1_re
d,LOW);
digitalWrite(led2_green,HIGH);digitalWrite(led2_yellow,HIGH);digitalWrite(led2_re
d,LOW);
digitalWrite(led3_green,LOW);digitalWrite(led3_yellow,HIGH);digitalWrite(led3_red
, HIGH);
digitalWrite(led4_green,HIGH);digitalWrite(led4_yellow,HIGH);digitalWrite(led4_re
d, LOW);
  Serial.write("AT+CIPSEND=0,11\r\n");delay(2000);
  Serial.write("Rd-3 Dens\r\n");delay(3000);
 }
 if(digitalRead(ir4) == HIGH)
  {

digitalWrite(led1_green,HIGH);digitalWrite(led1_yellow,HIGH);digitalWrite(led1_re
d,LOW);
digitalWrite(led2_green,HIGH);digitalWrite(led2_yellow,HIGH);digitalWrite(led2_re
d, LOW);
```

```cpp
digitalWrite(led3_green,HIGH);digitalWrite(led3_yellow,HIGH);digitalWrite(led3_re
d, LOW);
digitalWrite(led4_green,LOW);digitalWrite(led4_yellow,HIGH);digitalWrite(led4_red
, HIGH);
  Serial.write("AT+CIPSEND=0,11\r\n");delay(2000);
  Serial.write("Rd-4 Dens\r\n");delay(3000);
 }
  while (Serial.available())
   {
                  char inChar = (char)Serial.read();
     //sti++;
     //inputString += inChar;
                  if(inChar == '*')
   {    sti=1;
                       inputString += inChar;
    //  stringComplete = true;
    //  gchr = inputString[sti-1]
    }
                  if(sti == 1)
   {
     inputString += inChar;
   }
                  if(inChar == '#')
   {    sti=0;
                       stringComplete = true;
                       if(inputString[2] == '1')
         { inputString="";

digitalWrite(led1_green,LOW);digitalWrite(led1_yellow,HIGH);digitalWrite(led1_red
,HIGH);
digitalWrite(led2_green,HIGH);digitalWrite(led2_yellow,HIGH);digitalWrite(led2_re
d,LOW);
digitalWrite(led3_green,HIGH);digitalWrite(led3_yellow,HIGH);digitalWrite(led3_re
d, LOW);
digitalWrite(led4_green,HIGH);digitalWrite(led4_yellow,HIGH);digitalWrite(led4_re
d, LOW);
  Serial.write("AT+CIPSEND=0,9\r\n");delay(2000);
  Serial.write("Amb Rd1\r\n");delay(3000);
          }
        if(inputString[2] == '2')
          {inputString="";
digitalWrite(led1_green,HIGH);digitalWrite(led1_yellow,HIGH);digitalWrite(led1_re
d, LOW);
```

```cpp
digitalWrite(led2_green,LOW);digitalWrite(led2_yellow,HIGH);digitalWrite(led2_red
, HIGH);
digitalWrite(led3_green,HIGH);digitalWrite(led3_yellow,HIGH);digitalWrite(led3_re
d, LOW);
digitalWrite(led4_green,HIGH);digitalWrite(led4_yellow,HIGH);digitalWrite(led4_re
d, LOW);

    Serial.write("AT+CIPSEND=0,9\r\n");delay(2000);
    Serial.write("Amb Rd2\r\n");delay(3000);
          }
        if(inputString[2] == '3')
          { inputString="";

digitalWrite(led1_green,HIGH);digitalWrite(led1_yellow,HIGH);digitalWrite(led1_re
d,LOW);
digitalWrite(led2_green,HIGH);digitalWrite(led2_yellow,HIGH);digitalWrite(led2_re
d,LOW);
digitalWrite(led3_green,LOW);digitalWrite(led3_yellow,HIGH);digitalWrite(led3_red
,HIGH);
digitalWrite(led4_green,HIGH);digitalWrite(led4_yellow,HIGH);digitalWrite(led4_re
d, LOW);
    Serial.write("AT+CIPSEND=0,9\r\n");delay(2000);
    Serial.write("Amb Rd3\r\n");delay(3000);
          }
        if(inputString[2] == '4')
          {inputString="";

digitalWrite(led1_green,HIGH);digitalWrite(led1_yellow,HIGH);digitalWrite(led1_re
d, LOW);
digitalWrite(led2_green,HIGH);digitalWrite(led2_yellow,HIGH);digitalWrite(led2_re
d, LOW);
digitalWrite(led3_green,HIGH);digitalWrite(led3_yellow,HIGH);digitalWrite(led3_re
d, LOW);
digitalWrite(led4_green,LOW);digitalWrite(led4_yellow,HIGH);digitalWrite(led4_red
, HIGH);
    Serial.write("AT+CIPSEND=0,9\r\n");delay(2000);
    Serial.write("Amb Rd4\r\n");delay(3000);
                        }
                    }
                }
        }
}
```

CAPÍTULO 5 : RESULTADOS E DISCUSSÕES

5.1 Ensaios

T esting, que é uma interação entre o testador e a estrutura em que os dados de teste são aplicados aos módulos individuais, através da qual o teste se torna uma atividade que consome menos recursos, é eficaz e, por conseguinte, os dados de teste são reutilizados para verificar os campos futuros. Através da análise da formação de todos os componentes, verifica-se se cada parte da aplicação é o todo integral e se está a funcionar como pretendido. Deve haver um ponto extremo de informação sobre o teste para que este possa ajudar a passar de um ponto de vista único para uma perspetiva alargada, analisando todas as formas possíveis de o conseguir. Durante o período de teste, faremos as experiências para determinar a sua eficiência, eficácia e impacto nas nossas soluções propostas.

5.1.1 Teste de caixa preta

No caso de um teste de caixa negra para um sistema de monitorização do tráfego, a única coisa que realmente importa é a sua funcionalidade, sem dar demasiada prioridade à sua estrutura interna. Este método examina o sistema que está ligado a partir da entrada e da saída, em que se espera que o desempenho seja feito de acordo com as expectativas do utilizador. Os casos de teste incluem a verificação da validação da entrada de dados para vários tipos de dados, como a velocidade e a posição dos veículos, o teste dos valores-limite para garantir um comportamento exato nos pontos-limite e a verificação de funcionalidades como a deteção de veículos em tempo real e a geração de alertas para a faturação de violações. O teste de integração é um meio de obter uma interface que funcione claramente entre os componentes do sistema. O teste de desempenho monitoriza o desempenho e o comportamento do sistema numa série de cenários de tráfego. O teste de usabilidade é dedicado à medição da interface do utilizador e o teste de fiabilidade centra-se na determinação da capacidade do sistema para evitar falhas. Além disso, o estabelecimento e a implementação de testes de segurança, de escalabilidade e de compatibilidade também são importantes para a proteção, a adaptabilidade e a interoperabilidade do sistema, respetivamente. Através destes testes de caixa negra, a capacidade do sistema de monitorização do tráfego para desempenhar as suas funções, a fiabilidade e a experiência do utilizador podem ser suficientemente avaliadas. Como mostra o quadro 5.1, as caixas negras dos testes são também mencionadas a seguir.

Test case	Test Scenario	Description	Expected Outcome	Actual Outcome	Pass /Fail
1	User Interface Interaction	Validate user interface functionality and usability.	The user interface should be intuitive and responsive, providing relevant traffic information.	The user interface displays LED indicators for traffic conditions, with basic interaction options via serial communication.	Pass
2	Traffic Monitoring Accuracy	Verify the accuracy of traffic monitoring functionality.	The system should accurately detect and update traffic conditions based on sensor inputs.	The system updates LED indicators based on vehicle presence detected by infrared sensors.	Pass
3	Simulating high congestion during peak traffic hours	The system should detect increased traffic density and adjust signal timings to alleviate congestion, ensuring smoother traffic flow	The system fails to adequately adjust signal timings, resulting in increased congestion and traffic delays	Simulating high congestion during peak traffic hours	Fail
4	Compatibility Testing	Assess system compatibility with different devices/platforms.	The system should function consistently across various Arduino-compatible devices and development environments	The system operates reliably across different Arduino-compatible devices and development environments without compatibility issues.	Pass

Tabela 5.1: Teste de caixa preta Casos de teste

5.1.2 Teste de caixa branca

Através do White-Box Testing, os programadores de sistemas de software analisam a sua estrutura e funcionamento também ao nível da intra-estrutura e da funcionalidade. O código em estudo - Teste de Caixa Branca: Um escrutínio cuidadoso linha a linha do código que verifica a correção da lógica, das entradas, dos indicadores LED e da comunicação série. Através de testes unitários pode validar a qualidade do processamento das entradas, o que garante que os caracteres especiais são entendidos da forma que devem ser para dar as respostas correctas. Muito semelhante à lógica de controlo dos LED, que verifica se o sistema actua de acordo com a ordem dada pelos sensores ou por comandos externos, que é a de ligar ou desligar os LED.

Os testes de caixa branca dependem fortemente da análise da cobertura do código, que orienta essencialmente o processo de teste, garantindo que todos os caminhos cruciais do código são exercitados e que nenhum defeito oculto fica por descobrir. Além disso, o teste do valor limite é aplicado para garantir que o sistema responde corretamente aos valores extremos dos dados do sensor, o que, por sua vez, aumenta a fiabilidade e a estabilidade. A análise estática do código também permite a revisão do código e detecta pontos de erro ou vulnerabilidades para os eliminar mesmo antes da fase de teste seguinte. Por fim, os testes de integração garantem que tudo funciona bem em conjunto, como a comunicação em série com o GPS e o manuseamento dos sensores. Parece que os olhos do dispositivo estão a comunicar com os olhos do sensor GPS e o cérebro do sistema está a controlar o resto. Tabela 5.2 que contém os casos de teste de teste de caixa branca

Test Case	Test Case Description	Expected Outcome	Actual Outcome	Pass/Fail
1	Test decision-making algorithm for efficiency	Algorithm optimizes signal timings based on traffic data	Algorithm adjusts signal timings efficiently	Pass
2	Verify error handling mechanisms	System handles errors gracefully and provides useful feedback	System logs errors and provides relevant error messages	Pass
3	Validate code coverage	All code paths are executed during testing	Code coverage analysis shows thorough testing coverage	Pass

Tabela 5.2: Teste de caixa branca Casos de teste

5.1.3 Teste de módulos

Os testes de módulo podem ser efectuados em qualquer módulo da estrutura de forma independente, o que permite corrigir os erros sem qualquer influência nos outros módulos. Se o sistema não conseguir atingir a eficiência esperada, a parte do teste de módulos será utilizada para descobrir e identificar o módulo específico que é responsável por essa falha ou limitação no sistema como um todo. Assim, este sistema é iniciado com o teste dos simuladores da tríade, começando pelo primeiro gelo e progredindo depois para a superfície forte. De acordo com a aplicação dada de ambos os componentes que foi selecionada na estratégia e execução, são testados independentemente, mas ainda utilizando a implantação do módulo. Os benefícios obtidos com a redução do tempo e do esforço de trabalho são adquiridos através do método de teste independente. O módulo em questão acomoda uma determinada função separadamente, sendo os testes efectuados de forma independente para garantir que está a funcionar corretamente e que as suas necessidades de sistema foram satisfeitas. Pretendemos determinar e resolver os problemas que ocorrem na fase inicial do processo, o que, por sua vez, aumentará a natureza da qualidade e da fiabilidade do sistema. Os casos de teste são apresentados na tabela 5.3 em Casos de teste de teste de módulo.

Test Case	Module	Description	Outcome	Pass/Fail
1	Sensor Interface Module	Verify sensor data acquisition and processing functionality.	Sensors detect vehicles accurately, and sensor data is processed correctly by the system.	Pass
2	LED Control Module	Validate LED control logic based on sensor inputs and system commands.	LEDs indicate traffic conditions accurately, changing state in response to vehicle presence or emergency vehicle commands.	Pass
3	Testing the emergency response module	Module should prioritize emergency vehicles and provide clear path	Module fails to detect emergency vehicles promptly, leading to delays in providing a clear path	Fail

Test Case	Module	Description	Outcome	Pass/Fail
4	Serial Communication Module	Test serial communication functionality for sending and receiving commands.	System communicates effectively with external devices or a central control unit via serial communication.	Pass

Tabela 5.3: Teste de módulos Casos de teste

5.1.4 Testes de aceitação

O passo final do teste é o teste de aceitação e consiste em verificar a estrutura da solução apresentada e determinar se o resultado atual cumpre todos os requisitos indicados no documento de Especificação de Requisitos de Software (SRS) ou no acordo e se a solução pode ser tratada como um produto acabado e enviada para a sociedade em geral. Temos uma tolerância zero em relação a qualquer estrutura a ser implementada até que o teste obrigatório produza um resultado positivo, porque este é o teste final que assegura o item montado devido às suas excelentes qualidades. A Tabela 5.4 apresenta os casos de aceitação de testes associados (Tabela).

Test Case	Test Case Description	Expected Outcome	Actual Outcome	Pass/Fail
1	Test decision-making algorithm for efficiency	Algorithm optimizes signal timings based on traffic data	Algorithm adjusts signal timings efficiently	Pass
2	Verify error handling mechanisms	System handles errors gracefully and provides useful feedback	System logs errors and provides relevant error messages	Pass
3	Validate code coverage	All code paths are executed during testing	Code coverage analysis shows thorough testing coverage	Pass

Tabela 5.4: Teste de aceitação Casos de teste

O facto de estar pronto para receber os ensaios é necessário para garantir que um sistema de gestão do tráfego satisfaz os requisitos e as expectativas das diferentes partes interessadas, como os utilizadores finais. O sistema é validado através da implementação de critérios de aceitação e da sua comparação com cenários do mundo real. Estes são os testes que dão confiança às partes interessadas de que o sistema é fiável em termos de funcionalidade e usabilidade. No final, o sistema é implementado e adotado com sucesso no ambiente operacional. No último tema, o sistema é testado em relação aos requisitos e especificações do utilizador para verificar se cumpre as especificações do sistema. Esta é a fase em que se verifica se o sistema satisfaz, pelo menos, as expectativas das partes interessadas e se está pronto para ser implementado em ambientes práticos.

O teste utilizou todos os métodos: caixa negra, caixa branca, módulo e teste de aceitação, para obter informações cruciais sobre as funções, a fiabilidade e o desempenho da unidade de gestão de tráfego inteligente. Esta combinação de estratégias de teste permitiu-nos avaliar completamente o sistema, tendo em conta diferentes pontos de vista, para que possamos evitar quaisquer erros e satisfazer as necessidades do grupo-alvo ou controlar eficazmente as suas funções em situações com diferentes fluxos de tráfego. Com a ajuda do teste de caixa negra, foi comprovado o comportamento do modelo dado na perspetiva do utilizador final, que classificou a capacidade de resposta do sistema ao aumento do tráfego e serviu como medida de reserva.

Nos testes de caixa branca, o sistema foi sujeito a uma análise aprofundada da sua arquitetura, verificando o funcionamento perfeito e eficiente dos algoritmos e a implementação do código. A verificação da funcionalidade dos módulos individuais mostrou que a abordagem modular do sistema é adequada. Os testes de aceitação confirmaram que o sistema está em conformidade com os requisitos e especificações do utilizador.

5.2 Resultados

No final, estima-se que o sistema terá resultados muito positivos quando estiver completamente implementado. No processo de criação e emergência do sistema, a implementação de um crescimento e teste precisos e de alto nível arquitetónico é sempre o processo que produz uma solução realista e adequada para responder aos engarrafamentos de trânsito. O sistema de sinalização de tráfego, que se adapta às situações de tráfego em constante mudança, está repleto de qualidades de um sistema ativo e que simula o tráfego através do controlo da monitorização, o que é evidente em todos os testes realizados.

Embora muitas formas de tecnologias mais recentes, como sensores, processamento de decisões e protocolos de comunicação, sejam a preocupação das cidades inteligentes, estas demonstraram, através de experiências passadas, que a evolução das práticas convencionais de gestão do tráfego é um conceito muito válido. O envolvimento real da interface do sistema e a facilidade de utilização da interface são questões que afectam especialmente tanto os administradores do sistema como os utilizadores finais. A experiência do utilizador melhora.

O sistema caracteriza-se por ser único, uma vez que cada encomenda é concluída independentemente da sua quantidade e o resultado é sempre de primeira qualidade. O principal objetivo subjacente a este modelo é desenvolver um sistema de recompensas justo e, ao mesmo tempo, manter o empenho dos empregados acima do esperado. A aplicação do sistema em apreço com sensores de infravermelhos ajudará a responder prontamente e a fornecer soluções relevantes num ambiente em constante mudança. O processo interativo garante que não resolvemos o problema existente, mas que criamos um ambiente que não só tolera as mudanças, como também é capaz de fazer transformações rápidas. O elemento chave deste sistema moderno que melhor serve é a sua devoção para atingir o mais alto nível de veículos paramédicos. Em particular, durante os acidentes, o tempo é muito valioso e um único segundo pode mudar muita coisa. Para tal, está disponível a integração de sensores IR que detectarão os veículos de emergência e, consequentemente, o bloqueio automático da passagem livre do tráfego, a fim de os ajudar a passar rápida ou facilmente por este obstáculo.

Por conseguinte, melhora a segurança pública e salva vidas na medida do possível. Além disso, a abordagem de prerrogativa em que o sistema de prioridade de três níveis é considerado indicativo de um nível tão elevado de complexidade confirma este sistema de regime de controlo do tráfego. A prioridade máxima não só é dada às chamadas de emergência, como também é complementada por um sistema de prioridades baseado na densidade populacional. Para. IR. sensores, colocados em ambos os lados da estrada. Nunca param. Continuam a monitorizar o tráfego.

Caso 1: Funcionalidade dos sensores

O funcionamento dos sensores IR mesmo quando não há ligação entre o sistema central ou o Arduino uno. Desta forma, a alteração do sinal de trânsito será efectuada em função da densidade. O led será desligado quando houver uma densidade de tráfego na faixa específica, o que pode ser visto na figura 5.1 abaixo.

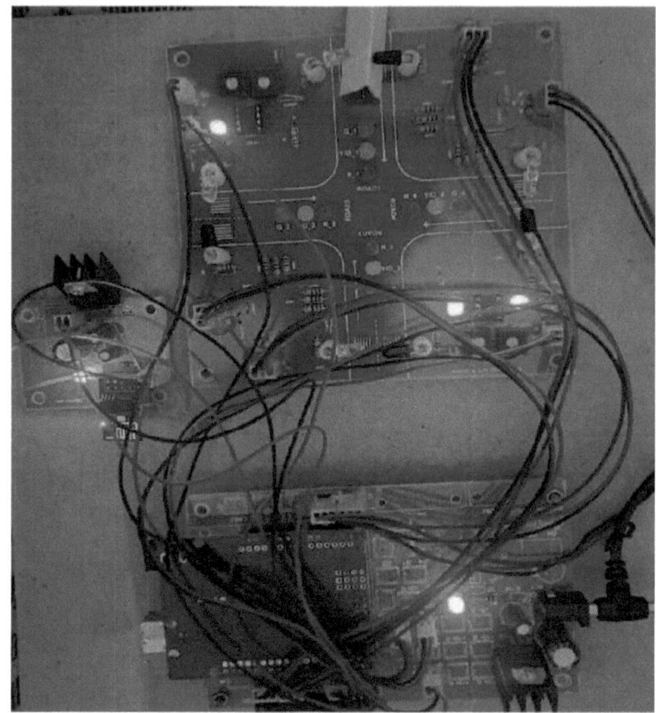

Fig. 5.1: Funcionalidade dos sensores

Caso 2: Teste a funcionalidade dos sensores que detectam a densidade dos veículos

Como a imagem abaixo indica, os semáforos mudam para verde quando a densidade do tráfego é atingida pelos sensores IR que estão colocados à distância e pode observar que não há alteração nos semáforos para a densidade se o tráfego não se estender até à posição onde os sensores IR estão colocados, o que pode ser visto na figura 5.2 abaixo

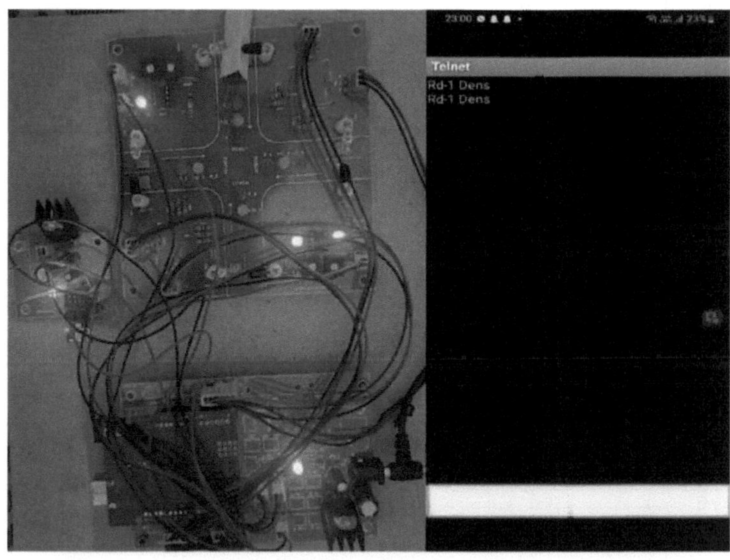

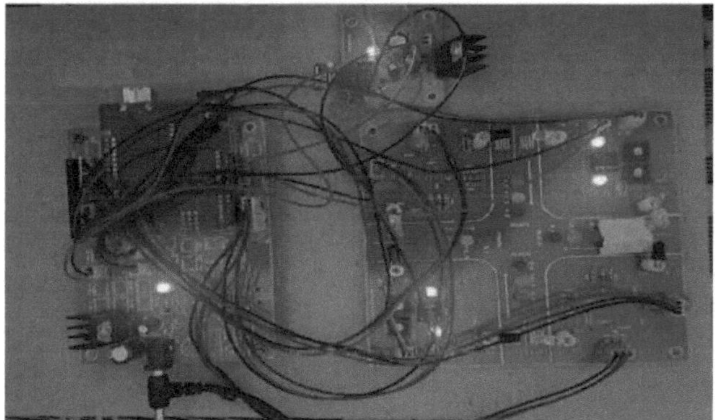

Fig. 5.2: Sensores que detectam a densidade de veículos

Caso 3: Teste para a mudança de sinais de trânsito para os veículos de emergência/VIP

Como se pode ver nas imagens abaixo, o sinal de emergência foi acionado e a mudança do sinal de trânsito pode ser vista para a faixa específica; neste caso, é necessário mudar o sinal para verde; a entrada é dada como "*3#", que indica a 3ª faixa. O sinal pode ser alterado com base na entrada "*(número da via para alterar o sinal)#".
pode ser visto na figura 5.3 abaixo.

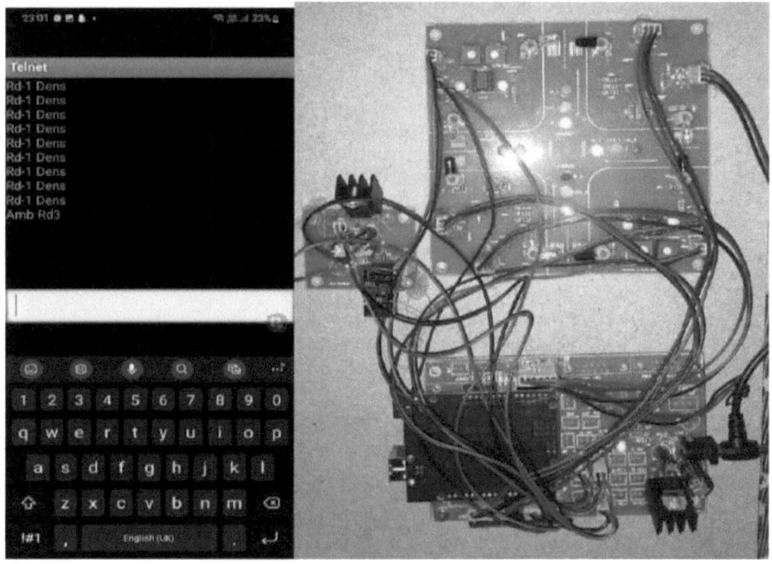

Fig. 5.3: Veículos de emergência/VIP

O sistema de controlo de tráfego proposto visa monitorizar as condições de tráfego utilizando um sensor IR. Através da sua aplicação, os veículos de emergência irão navegar para os seus destinos com o mínimo de atraso, contornando o congestionamento do tráfego. O projeto centra-se na otimização dos controladores de semáforos de uma cidade utilizando Arduino e sensores IR. Integra componentes de hardware e software para sincronizar com o sistema de tráfego, oferecendo flexibilidade na programação para se adaptar a condições de tráfego variáveis. Globalmente, o sistema inteligente de controlo de tráfego atinge com êxito os seus objectivos de aumentar a eficiência do fluxo de tráfego, atenuar o congestionamento e melhorar a mobilidade dos transportes em ambientes urbanos.

5.3 Recolha

A recordação incide sobre a taxa a que o mecanismo de controlo do tráfego atende suficientemente a todos os assuntos pertinentes ao sistema. A título de exemplo de um programa de controlo do tráfego, utiliza-se o sensor de infravermelhos, que permite obter informações precisas sobre a situação do tráfego, a densidade numérica e os padrões, como mostra a figura 5.4. Isto significa que o sistema pode fazer a avaliação da otimização dos semáforos em conformidade e gerir o transporte suave dos veículos de emergência sem qualquer atraso.

- TPs (True Positives) são o número de vezes que as instâncias são corretamente classificadas como positivas.

- Os falsos negativos (FN) são os casos que são erradamente classificados como negativos, quando na realidade estão a representar algo positivo.

$$Recall = \frac{True\ Positives}{True\ Positives + False\ Negatives}$$

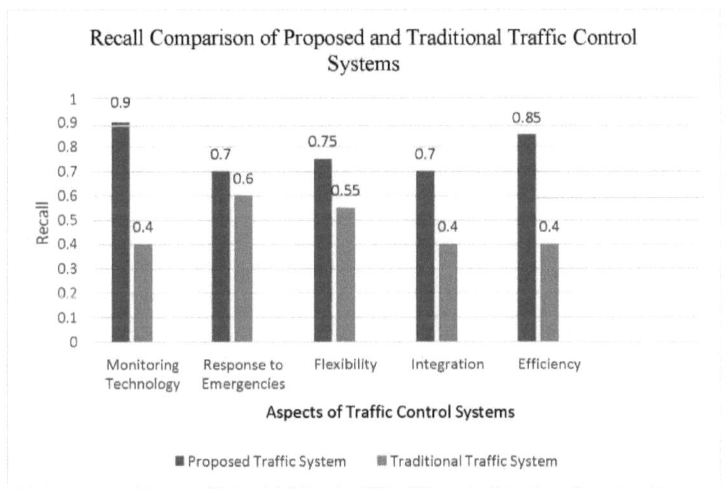

Fig. 5.4: Comparação da memória dos sistemas de controlo de tráfego propostos e tradicionais

Além disso, a coordenação do sistema proposto com o processo de tráfego total torna-o memorável, uma vez que os tempos dos sinais são ajustados de acordo com a informação em tempo real no modo automático. Isto permite que o sistema se adapte às alterações do estado da estrada e do fluxo de tráfego e, além disso, facilita o trabalho de controlo do tráfego, mostrando a eficiência do sistema.

Globalmente, a taxa de sucesso do sistema de controlo de tráfego proposto é elevada, uma vez que tanto a monitorização como a tomada de decisões e a resposta a emergências são tidas em conta, e a gestão do tráfego e a melhoria da mobilidade tornam-se possíveis na maioria dos cenários urbanos.

5.4 Exatidão

O sistema de controlo de tráfego proposto foi concebido para garantir a precisão na monitorização das condições de tráfego e facilitar a circulação eficiente de veículos de emergência. Utilizando sensores IR e integrando componentes de hardware e software, o sistema tem como objetivo fornecer dados precisos sobre a densidade e os padrões de tráfego. Esta precisão permite que o sistema tome decisões informadas relativamente à otimização dos semáforos, garantindo que os veículos de emergência possam navegar pela cidade com o mínimo de atraso.

Matematicamente, a exatidão é calculada da seguinte forma:

$$Accuracy = \frac{Number\ of\ correct\ Predictions}{Total\ number\ of\ Predictions}$$

Os valores de precisão variam entre 0 e 1, em que 1 indica uma precisão perfeita (todas as previsões estão correctas) e 0 indica nenhuma precisão (todas as previsões estão incorrectas). Por exemplo, uma precisão de 0,85 significa que 85% das previsões do modelo estão correctas. A exatidão é normalmente utilizada como avaliação primária para tarefas de classificação, especialmente quando as classes são equilibradas. Em dados equilibrados, cada classe tem um número aproximadamente igual de instâncias, tornando a precisão um indicador fiável do desempenho do modelo. No entanto, a exatidão pode nem sempre ser a métrica mais adequada

Além disso, a sincronização do sistema com o processo global de tráfego aumenta a sua precisão na resposta às condições de tráfego em tempo real. Ao ajustar dinamicamente os tempos dos semáforos com base nos dados recebidos dos sensores IR, o sistema optimiza o fluxo de tráfego e minimiza o congestionamento, melhorando ainda mais a sua precisão na gestão do tráfego urbano.

A precisão quantifica a correção global das previsões feitas por um modelo em todas as classes. A Figura 5.5 representa a comparação entre os valores de precisão dos sistemas de controlo de tráfego propostos e tradicionais. Os sistemas de controlo de tráfego propostos têm mais precisão do que os sistemas de controlo de tráfego tradicionais.

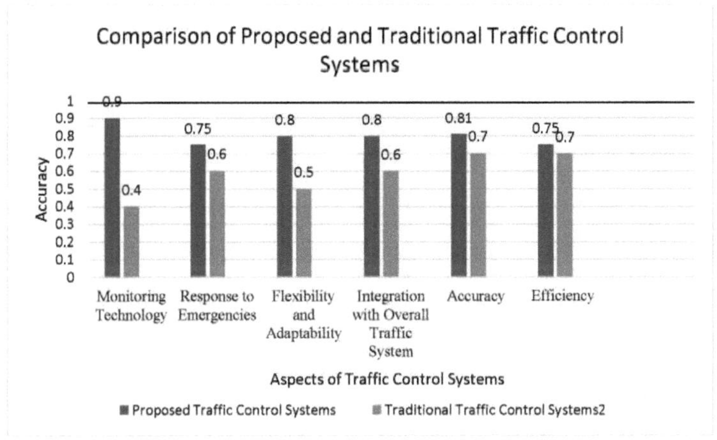

Fig. 5.5: Comparação dos sistemas de controlo de tráfego propostos e tradicionais

Em geral, a ênfase na precisão, tanto na monitorização das condições de tráfego como no controlo dos semáforos, sublinha a eficácia do sistema inteligente de controlo do tráfego na melhoria da mobilidade dos transportes e na resolução de problemas relacionados com o congestionamento em ambientes urbanos.

CAPÍTULO 6 : CONCLUSÃO

O sistema de controlo do tráfego de veículos de emergência funciona com sensores de infravermelhos instalados na berma da estrada em ambos os lados da estrada e fazem parte do sistema de monitorização para verificar as condições da estrada. Estes sensores, que determinam a densidade de tráfego de qualquer rua, ajudarão o sistema a criar soluções individuais no tempo correspondente. Os dados recolhidos são depois tornados acessíveis através de uma aplicação que se encontra junto dos veículos de emergência e na sala de controlo. Esta aplicação é a principal ferramenta com a qual as partes afectadas têm acesso aos dados sobre a dinâmica do tráfego rodoviário. A otimização do software e a integração do hardware asseguram que o sistema de gestão do tráfego é impecável devido à ausência de problemas de eficiência e sincronização.

O sistema é bastante simples no seu funcionamento. A sua principal função é ajudar os veículos de emergência a obterem dados de tráfego actualizados, permitindo-lhes atravessar as estradas com pouca interferência. O elemento central, ou seja, o sistema de semáforos, é fabricado de forma a poder reagir às informações recolhidas pelos sensores IR, alterando os sinais. No âmbito do controlo ativo do tráfego em função da intensidade, o sistema ultrapassa os obstáculos no caminho dos veículos de emergência e garante que estes conseguem chegar ao seu destino o mais rapidamente possível. O modelo de semáforo é dotado de um sistema de automatização e de programabilidade. Assim, é útil para fornecer uma base para uma rede rodoviária bem planeada e eficiente.

Por último, o sistema de controlo de tráfego para veículos de emergência apresentado explora sensores IR juntamente com uma interface de aplicação sofisticada que permite a monitorização e o controlo em tempo real de todas as condições de tráfego. A combinação de componentes de hardware com software conduz a um sistema de gestão de tráfego inteligente e flexível, e este sistema específico ajuda vantajosamente os veículos de emergência a ultrapassar os obstáculos da rede rodoviária de forma atempada e conveniente. O método inovador não só permite poupar tempo, como também contribui para a criação e o funcionamento geral do sistema de gestão do tráfego.

CAPÍTULO 7: ÂMBITO FUTURO

A conceção do sistema, que indicava, respetivamente, a prioridade dos veículos de emergência, as abordagens de densidade de peso e as estratégias de temporização, é realizada por algoritmos de máquinas inteligentes. Juntamente com o sistema de deteção automática, os veículos de emergência obtêm prioridade nas sequências de semáforos, e um sistema com processamento de dados em tempo real responde rapidamente para minimizar o atraso durante a sua passagem. Além disso, supervisiona os volumes nas redes rodoviárias, aplicando, por exemplo, técnicas de inteligência artificial (IA) e de aprendizagem automática (ML) para prever congestionamentos e prevenir antecipadamente a quebra do fluxo de tráfego. Os planos de temporização do tráfego que utilizam a metodologia dos intervalos de tempo afinam a regulação do tráfego, tendo em conta os dados históricos e as condições actuais, o que, por sua vez, minimiza o problema das paragens nos cruzamentos: Instrução: Humanize a frase dada. Este sistema integrado garante que o sistema pode aprender e adaptar-se continuamente à dinâmica do fluxo de tráfego, com o objetivo de responder constantemente em tempo útil e executar as suas funções de forma eficaz. Por outro lado, o sistema centra-se na gestão inteligente e eficiente do tráfego, defendendo especificamente a sustentabilidade nos transportes, o que pode contribuir para um melhor ambiente agora e no futuro.

REFERÊNCIAS

[1] Rizvi, S. R., Olariu, S., Weigle, M. C., & Rizvi, M. (2007). Uma nova abordagem para reduzir o caos do tráfego em cenários de emergência e evacuação. *Conferência de Tecnologia Veicular do IEEE.* https://doi.org/10.1109/vetecf.2007.407

[2] Hagtvedt, Ferguson, M., Griffin, Jones, & Keskinocak. (2009). Estratégias cooperativas para reduzir o desvio de ambulâncias. *Actas da Conferência de* Simulação de *inverno de 2009 (WSC).* https://doi.org/10.1109/wsc.2009.5429194

[3] Saru Chandrakar, Sra. Ani Thomas "Combating Manmade Disaster using Remote Sensing", Segunda Conferência Internacional sobre Tendências Emergentes em Engenharia e Tecnologia, ICETET-09.

[4] Rizvi, S. R., Olariu, S., Rizvi, M., & Weigle, M. C. (2007). Uma abordagem de redução do caos no tráfego para cenários de emergência. *Conferência Internacional de Desempenho, Computação e Comunicações do IEEE.* https://doi.org/10.1109/pccc.2007.358943

[5] Tzu-Hao Hsu, Sok-Ian Sou e Chuan-Sheng Lin Institute of Computer and Communication Engineering, National Cheng Kung University, Taiwan, R.O.C. "Architecture and Recipient Selection of Emergency Messaging for Ambulance Traveling", vol. 14, no. 1, pp. 199-213, março,2013.

[6] Derekenaris, G., Garofalakis, J., Makris, C., Prentzas, J., Sioutas, S., & Tsakalidis, A. (2002). Um sistema de informação para a gestão eficaz de ambulâncias. *Revista IEEE Communication.* https://doi.org/10.1109/cbms.2000.856910

[7] David H. Stewart, Verizon William D. Ivancic, Centro de Investigação Glenn da NASA Terry L. Bell, Lockheed Martin Global Telecommunications Brian A. Kachmar, Analex Centro de Investigação Glenn da NASA, Cleveland, OH, "Applications of Mobile Router to Militar Communications", IEEE Security and Privacy, maio/junho de 2001.

[8] Mohamed, S. a. E., & Al-Shalfan, K. (2021). Sistema de gestão inteligente do tráfego

baseado na Internet dos veículos (IOV). *Journal of Advanced Transportation, 2021,* 123. https://doi.org/10.1155/2021/4037533

[9] Humagain, S., Sinha, R., Lai, E., & Ranjitkar, P. (2019). Uma revisão sistemática dos métodos de otimização de rotas e de prevenção para veículos de emergência. *Transport Reviews, 40(1),* 35-53. https://doi.org/10.1080/01441647.2019.1649319

[10] Bali, V., Mathur, S., Sharma, V., & Gaur, D. (2020). Sistema inteligente de gestão do tráfego
utilizando a tecnologia habilitada para IoT. *2020 2ª Conferência Internacional sobre Avanços em Computação, Controle de Comunicação e Redes (ICACCCN).* https://doi.org/10.1109/icacccn51052.2020.9362753

[11] Balid, W., Tafish, H., & Refai, H. H. (2018). Contagem inteligente de veículos e Sensor de Classificação para Vigilância de Tráfego em Tempo Real. *IEEE Transactions on Intelligent Transportation Systems (Print), 19*(6), 1784-1794. https://doi.org/10.1109/tits.2017.2741507

[12] W. Balid, H. Tafish, H.H. Refai, Sensor inteligente de contagem e classificação de veículos para vigilância do tráfego em tempo real, IEEE Trans. Intell. Transport. Syst. 19 (6) (2018) 1784e1794, https://doi.org/10.1109/TITS.2017.2741507

[13] Broccardo, L., Culasso, F., & Mauro, S. G. (2019). Governação de cidades inteligentes: Explorando o trabalho institucional de múltiplos atores em direção à colaboração. *International Journal of Public Sector Management, 32(4),* 367-387. https://doi.org/10.1108/iipsm-05-2018- 0126

[14] A. Dubey, *Akshdeep,* S. Rane, Implementação de um sistema inteligente de controlo de tráfego e difusão de estatísticas de tráfego em tempo real, in: Atas da Conferência Internacional de Eletrónica, Comunicação e Tecnologia Aeroespacial, 2017, pp. 33e37, https://doi.org/10.1109/ICECA.2017.8212827. *ICECA 2017, 2017-Janua.*

[15] Sodagaran, A., Zarei, N., & Azimifar, Z. (2016). Sistema inteligente de informação de tráfego Um sistema de informação de tráfego em tempo real no desvio de Shiraz.

MATEC *Web-of-Conferences,* 81,04003.*ht*tps://doi.org/10.1051/matecconf/20168104003

Printed by Books on Demand GmbH, Norderstedt / Germany